Wieland Holfelder

Multimediale Kiosksysteme

Multimedia Engineering

hrsg. von Wolfgang Effelsberg und Ralf Steinmetz

Die muldimediale Revolution ist in vollem Gange. Neuere Arbeitsplatzrechner und viele PCs, die am Markt erscheinen, haben heute schon Audio-Komponenten eingebaut, und in zunehmendem Maße findet man auch Hardware- und Softwareunterstützung für die Darstellung von Bewegtbildsequenzen. Die multimediale Art der Interaktion mit dem Computer ist viel effizienter und benutzerfreundlicher als die Interaktion über die Ein- und Ausgabe von Texten und hat deshalb ein hohes Zukunftspotential. Zugleich eröffnen die Techniken der computergestützten Kooperation neue Möglichkeiten zur Teamarbeit in vernetzten Unternehmen.
Ziel der Reihe ist es, den Leser über Grundlagen und Anwendungen der Multimedia-Technik und der Telekooperation zu informieren. Die Reihe umfaßt Lehrbücher, einführende und umfassende Standardwerke sowie speziellere Monographien zu den Themen Multimedia, Hypermedia und computergestützte Kooperation. Es geht dabei beispielsweise um Fragen aus den Bereichen Betriebssysteme, Rechnernetze, Kompressionsverfahren und grafische Oberflächen. In der Art der Darstellung wendet sie sich an Informatiker und Ingenieure, an Wissenschaftler, Studenten und Praktiker, die sich über dieses faszinierende und interdisziplinäre Thema informieren wollen.

Bisher erschienen:

Synchronisation in kooperativen Systemen
von Erwin Mayer

Multimediale Kiosksysteme
von Wieland Holfelder

Weitere Titel in Vorbereitung.

Vieweg

Wieland Holfelder

Multimediale Kiosksysteme

Informationssysteme zum Anfassen

Ursprünglich erschienen bei Friedr. Vieweg & Sohn Verlagsgesellschaft mbH,
Braunschweig/Wiesbaden, 1995
Softcover reprint of the hardcover 1st edition 1995

ISBN 978-3-663-12251-7 ISBN 978-3-663-12250-0 (eBook)
DOI 10.1007/978-3-663-12250-0

Vorwort

The secret of business is to know something nobody else knows.

Aristoteles Onassis

Wir leben im Informations- und Kommunikationszeitalter. Neben Arbeit, Boden und Kapital ist Information inzwischen zu einem der wichtigsten Produktionsfaktoren geworden. Informationen werden generiert, gesammelt, aufbereitet, archiviert und wieder verteilt. Die richtige Information zum richtigen Zeitpunkt zu besitzen ist heute oftmals wichtiger als technische Überlegenheit oder ein finanziell günstigeres Angebot. Längst aber ist die Fülle an Informationen, die uns täglich umgibt, um ein Vielfaches höher als das, was wir bewußt wahrnehmen und verarbeiten können. Eine Tagesausgabe der New York Times, zum Beispiel, enthält mehr Informationen als ein durchschnittlicher Bürger des 17. Jahrhunderts in seinem ganzen Leben erfahren hat. Die Sonntagsausgabe übertrifft dies noch bei weitem.

Wie also kann aus dieser Fülle von Informationen die relevante Information herausgefiltert werden? Werden wir in der Lage sein, das Paradoxon der Informationstechnologie, wie es Professor Eli M. Noam von der Columbia University in New York genannt hat, nämlich das Problem, daß je mehr Informationstechnologie wir haben, je mehr Wissen wir generieren, desto weniger wir diese Information bewältigen können, zu lösen?

Multimedia-Technologie, im speziellen multimediale Informationssysteme, sind ein Ansatz, um diese Informationsflut effizienter handhaben zu können. Durch den Einsatz neuer Medien wird versucht, die Bandbreite des Informationskanals, über den wir Informationen aufnehmen, zu erhöhen, d.h. neue Medien ermöglichen es, mehr Information in weniger Zeit über unsere Sinne aufzunehmen. Gleichzeitig wird daran gearbeitet, die Informationssysteme, über die wir ein Großteil der Informationen heute schon beziehen und in Zukunft immer häufiger beziehen werden, benutzerfreundlicher zu gestalten. Dies hat zur Folge, daß immer mehr Menschen Zugang zu immer mehr Informationen haben werden und das Problem der Informationsbewältigung immer wichtiger wird.

Kiosksysteme sind eine neue Art von Informationssystemen, die Benutzer über einfache Benutzerschnittstellen mit Informationen versorgen oder auch Dienstleistungen anbieten können. Die Anforderungen der Kunden und Konsumenten sind durch die bereits erwähnten rasanten Entwicklungen im Informationszeitalter höher geworden. Aktualität der Informationen, schneller Zugriff, Zeitunabhängigkeit, kurze Wege, dies sind nur ein paar Stichworte, die in diesem Zusammenhang genannt werden können. Auf der anderen Seite können Unternehmen aus Kosten- und Effizienzgründen nicht mehr überall vor Ort präsent sein, sind an geregelte Arbeitszeiten bzw. Ladenöffnungszeiten gebunden und versuchen Personalkosten einzusparen. Es wird deshalb zunehmend nach neuen Wegen gesucht, Informationen und Dienst leistungen aktuell, umfassend und kostengünstig anzubieten und diese dennoch attraktiv und übersichtlich zu gestalten. Kiosksysteme bieten hier neue Möglichkeiten, die sowohl für Konsumenten als auch für Unternehmen vorteilhaft eingesetzt werden können.

Das vorliegende Buch soll deshalb nicht nur eine Übersicht darüber geben, was Kiosksysteme sind, welche Arten von Kiosksystemen es gibt, wo sie eingesetzt werden können und welchen Nutzen deren Einsatz bringt, sondern gleichzeitig auch ein Leitfaden für Strategen und Entscheider sein, der bei der konkreten Planung und Implementierung von Kiosksystemen Unterstützung leisten kann.

Multimedia ist, obwohl es als Schlagwort immer noch häufig falsch eingesetzt wird, mehr und mehr zur täglichen Realität geworden. Zunehmend werden multimediale Elemente wie Audio, Video oder Animation eingesetzt, um mehr Information vermitteln oder Informationen ansprechender gestalten zu können. Immer neue Anwendungen, die sich die Möglichkeiten multimedialer Elemente zunutze machen, werden entwickelt. Diese neuen Technologien haben auch Einfluß auf die Entwicklung von Kiosksystemen und werden deshalb im Verlauf des Buches ebenso angesprochen wie ein weiterer wichtiger Punkt, die Vernetzung von Kiosksystemen.

Die Datenautobahnen werden breiter, die Computernetze dichter, und Informationen können dadurch nicht nur schneller und zuverlässiger ausgetauscht werden, sondern sind auch immer mehr Menschen zugänglich. Verteilte Kiosksysteme, die diese Technologie nutzen, bieten gegenüber lokalen Systemen eine Reihe von Vorteilen und werden deshalb im Verlauf des Buches besondere Beachtung finden.

Zurückgreifen kann ich hierbei auf die Ergebnisse und Erfahrungen, die ich in den Jahren 1987 bis 1995 während meiner Tätigkeit am European Networking Center (ENC) der IBM Informationssysteme GmbH in Heidelberg, am Lehrstuhl für Praktische Informatik IV an der Universität Mannheim und am International Computer Science Institute in Berkeley, California, gesammelt habe.

Ganz besonderer Dank gilt Herrn Prof. Dr. Wolfgang Effelsberg und Herrn Dr. Ing. habil. Ralf Steinmetz, die mir die Möglichkeit gegeben haben, diese Erfahrungen in der von Ihnen herausgegebenen Reihe „Multimedia Engineering" erscheinen zu lassen und mir immer mit wertvollen Ratschlägen und Anregungen zur Seite standen.

Ebenso möchte ich mich bei Herrn Dr. Ing. Ralf Guido Herrtwich und Herrn Dr. Dietmar Hehmann bedanken, die mit ihrer Unterstützung und mit zahlreichen nützlichen Hinweisen zu einer früheren Version dieses Manuskripts beigetragen haben.

Dank des Vieweg-Verlags, und dort insbesondere durch die hilfreiche Unterstützung von Herr Dr. Reinald Klockenbusch, konnte aus der ersten Version des Manuskriptes das vorliegende Buch entstehen.

Herzlichen Dank an meine Eltern und an Frau Sabine Maus, die als Fachfremde das Buchmanuskript mit viel Liebe und Geduld korrekturgelesen haben.

Weiterhin sei allen Kolleginnen und Kollegen am European Networking Center, an der Universität Mannheim und am International Computer Science Institute gedankt, die mit konstruktiver Kritik und wertvollen Kommentaren zum Gelingen dieser Arbeit beigetragen haben.

Hier zuletzt, aber eigentlich an erster Stelle möchte ich mich ganz herzlich bei meiner Familie und meinen Freunden bedanken, die während der Zeit, in der dies Buch entstand, sicher auf einiges verzichten mußten, mir aber sehr viel Unterstützung, gerade auch in manchen schwierigen Phasen, gegeben haben.

Mannheim, im Juli 1995 Wieland Holfelder

Inhaltsverzeichnis

Abbildungsverzeichnis

Tabellenverzeichnis

1 Einleitung

Sometimes the upcoming „multimedia era" is described as the expanding world of new images and sound, created by the merger of Hollywood and Silicon Valley.

Aus: IBM Personal Systems/2
Multimedia Fundamentals [18]

Multimedia ist, ähnlich wie etwa Expertensysteme in den achtziger Jahren, zu einem der beliebtesten Schlagworte der 90er Jahre geworden. Wahrscheinlich haben die meisten Menschen bereits mehr als nur einmal etwas über Multimedia gehört, gelesen oder sind in irgendeiner Form direkt mit Multimedia-Systemen in Kontakt gekommen. Mindestens genauso wahrscheinlich aber haben nur wenige eine konkrete Vorstellung davon, was unter dem Begriff Multimedia zu verstehen ist.

Im Prinzip ist der Begriff Multimedia nicht neu. Schon seit vielen Jahren wird er für die Kombination unterschiedlicher Medien, zum Beispiel im Bereich der Fernseh- oder Videoproduktion, verwendet. Das eigentlich neue an Multimedia, so wie es im folgenden verstanden werden soll, ist die Integration unterschiedlicher Medien wie Text, Grafik, Animation, Audio und Video in einem digitalen Rechner mit der Möglichkeit der Interaktion und des Dialogs, denn erst hierdurch werden grundlegend neue Anwendungsgebiete für zukünftige informationsverarbeitende Systeme eröffnet.

Ein Beispiel für ein solches Anwendungsgebiet sind sogenannte *Kiosksysteme*. Kiosksysteme treten in jüngster Zeit immer häufiger und in den unterschiedlichsten Ausprägungen in Erscheinung. Immer mehr Systeme nennen sich Kiosk, meist ohne daß der Begriff in diesem Zusammenhang ausreichend diskutiert oder definiert wurde.

Im Verlauf dieses Buches soll deshalb unter anderem geklärt werden, was man unter dem Begriff Kiosk im Zusammenhang mit digitalen Rechnern verstehen kann, was Kioskanwendungen grundsätzlich von anderen Anwendungen unterscheidet und wo die möglichen Einsatzgebiete sind.

Verteilte multimediale Kiosksysteme, als eine spezielle Ausprägung von Kiosksystemen, bilden einen weiteren Schwerpunkt der Ausführungen.

Multimedia-Anwendungen stellen im allgemeinen höhere Anforderungen an die verwendete Hard- und Software als herkömmliche nicht multimediale Anwendungen. Unter anderem aus diesem Grund sind die meisten Multimedia-Anwendungen bislang lokal. Die verwendeten Audio- und Videodaten sind auf Festspeicherplatten oder CD-ROM-Laufwerken, die direkt am jeweiligen Rechner angeschlossen sind, abgespeichert und werden von diesen eingelesen. Der Transport multimedialer Daten über Rechnergrenzen hinweg erfordert neue Technologien, unter anderem in den Bereichen Multimedia-Hardware, Audio-Video-Datenkompression, Multimedia-Betriebssysteme,, Multimedia-Datenbanksysteme und Multimedia-Kommunikationssysteme. Alle genannten Bereiche müssen bei der Planung, Entwicklung und Implementierung von multimedialen Kiosksystemen berücksichtigt werden. Das vorliegende Werk soll potentielle Entwickler von Kiosksystemen dabei unterstützen, sowie interessierten Laien eine Einführung in diese Bereiche geben.

Die Entwicklung von Benutzerschnittstellen für Kiosksysteme stellt neue Herausforderungen an die Entwickler. Durch neue Zielgruppen, überwiegend EDV-Laien, muß der Systemzugang einfach und intuitiv sein. Weiterhin stellt die Verwendung von Multimedia zusätzlich Anforderungen an das Design und die Ergonomie von Benutzerschnittstellen. Auch diesem Bereich wird im Verlaufe dieses Buches deshalb Beachtung geschenkt.

Als Hilfestellung für konkrete Implementierungen werden weiterhin Beispiele für Hard- und Software-Plattformen für Kiosksysteme gegeben und eine Auswahl von Autorenwerkzeugen vorgestellt, mit Hilfe derer Kioskanwendungen implementiert werden können.

Als Anregung, und um eine Vorstellung davon zu bekommen, wie eine verteilte multimediale Kioskanwendung implementiert werden kann, wird außerdem ein Prototyp eines Verteildienstes für verteilte multimediale Kioskanwendungen, der sogenannte Distributed Multimedia Kiosk Service (DMKS), vorgestellt.

Als aktueller Exkurs wird abschließend, aufbauend auf die im Verlaufe des Buches gegebene Einführung in das weltumspannende Computernetz Internet, das darin eingesetzte Informationssystem World-Wide-Web (WWW) vorgestellt. Immer häufiger sind WWW-basierte Kiosksysteme zu finden, die durch die Möglichkeit, Informationen sowohl lokal als auch weltweit über das gleiche Medium präsentieren zu können, eine sehr interessante Alternative zu anderen Informationssystemen bieten. Einige aktuelle Beispiele aus diesem Bereich runden die Ausführungen schließlich ab.

2 Kiosksysteme

Kiosks: Automated Wonder or Lead Balloon?

Überschrift eines Artikels in der Zeitschrift
Sales&Marketing Management, August 1991

Ähnlich wie Multimedia ist der Begriff Kiosk in den letzten Jahren zu einem beliebten Schlagwort geworden. Wahrlich phantastische Möglichkeiten sollen diese neuen Systeme für Firmen und Kunden gleichermaßen eröffnen. Was ist tatsächlich dran an diesen Aussagen? Können Kiosksysteme das, was sie versprechen, auch halten? Die folgenden Abschnitte werden versuchen, diese und ähnliche Fragen zu klären.

2.1 Einführendes Szenario

*Everything should be made as simple
as possible, but not simpler.*

Albert Einstein

Stellen Sie sich vor, Sie wollen sich bei Ihrer Bank über eine günstige Anlagemöglichkeit für ihre Ersparnisse beraten lassen. Bisher haben Sie dazu wahrscheinlich mit ihrer Kundenberaterin oder Ihrem Kundenberater einen Termin für ein Beratungsgespräch vereinbart oder haben sich direkt am Bankschalter informieren lassen.

In Zukunft könnte sich das so abspielen: Beim Betreten der Bank fällt Ihnen im Eingangsbereich ein Kiosksystem ins Auge (siehe Beispiel in Abbildung 1 auf Seite 6), das zunächst mit verschiedenen Video- und Audioclips auf sich aufmerksam macht. Nachdem Sie sich an den Kiosk gestellt haben, wird, z.B. durch Berührung des Bildschirms oder nach Betätigung einer beliebigen Taste der Tastatur, diese Eingangssequenz unterbrochen und ein Auswahlmenü angezeigt.

In diesem Menü könnten Sie z.B. unter den folgenden Punkten wählen:

- Kontoführung
- Anlageberatung
- Kreditberatung
- Immobilienberatung
- Aktien- und Devisenkurse

Hinter diesen Punkten verbergen sich mehr oder weniger aufwendige Dienstprogramme, deren Funktionalität auch einem computerunerfahrenen Anwender über eine einfach zu bedienende Benutzeroberfläche allgemeinverständlich nähergebracht wird.

Abbildung 1: Beispiel für ein Kiosksystem

Benötigen Sie dennoch an einer Stelle Unterstützung, wird Ihnen diese einerseits über ein kontextsensitives Hilfesystem angeboten, andererseits haben Sie die Möglichkeit, über die sogenannte Beraterfunktion eine direkte Bild- und Tonverbindung zu einem Kundenberater der Bank aufzubauen. Das Bild des Beraters wird in einem Videofenster auf Ihrem Bildschirm angezeigt, und Sie haben die Möglichkeit, gezielt Fragen an ihn zu richten. Der Berater hat seinerseits die Möglichkeit, die auf dem Kiosk laufende Anwendung auf seinem Bildschirm zu beobachten und von seinem Platz aus zu steuern um Ihnen in der einen oder anderen Situation weiterzuhelfen und Sie durch das Programm führen zu können.

Das beschriebene Kiosk-Szenario ist nur eines von vielen möglichen Beispielen und läßt sich ähnlich auf viele andere Anwendungsbereiche, wie z.B. Versicherungen, Museen, Messen oder Ausstellungen, übertragen.

Um den Begriff Kiosk im Umfeld der Informationstechnologie etwas genauer darstellen zu können, werden im folgenden zunächst einige Charakteristiken von Kiosksystemen sowie weitere kiosktypische Anwendungsszenarien aufgezeigt. Anschließend wird eine Definition für den Begriff Kiosksystem gegeben, sowie eine differenzierte Klasseneinteilung von Kiosksystemen vorgenommen.

2.2 Charakteristiken, Einsatzgebiete und Definition

An intellectual is a man who takes more words
than necessary to tell more than he knows.

Dwight D. Eisenhower

2.2.1 Charakteristiken

Kiosksysteme werden meist an allgemein zugänglichen Orten aufgestellt, um Informationen für eine breite Öffentlichkeit anbieten zu können. Mit allgemein zugänglichen Orten können dabei öffentliche Plätze, Bahnhöfe oder Flughäfen, Messen oder Ausstellungen, aber auch die Eingangshalle einer Bank oder Versicherung gemeint sein.

Mit Hilfe digitaler Computer bieten Kiosksysteme dem Benutzer die Möglichkeit der Interaktion und des Dialogs mit dem System, wodurch er Art und Umfang der abgerufenen Informationen individuell und gezielt beeinflussen kann.

Aufgrund der Zielgruppe von Kiosksystemen, typischerweise sind dies Anwender ohne große Erfahrung im Umgang mit Computern, ist eine leicht verständliche und einfach zu bedienende Benutzerschnittstelle[1] notwendig. Dies bedeutet jedoch auch, anders als beispielsweise bei modernen Fenster-Oberflächen, daß der Benutzer keine oder nur sehr wenig Möglichkeiten zur individuellen Gestaltung der Benutzeroberfläche hat und somit ein ergonomisches und allgemeinverständliches Design der Kioskoberfläche von großer Bedeutung ist.

Eine einfache Benutzeroberfläche impliziert dabei nicht notwendigerweise eine geringere Funktionalität, beeinflußt aber im allgemeinen die Akzeptanz und Bedienungsfreundlichkeit eines Kiosksystems positiv.

Zur Benutzerschnittstelle im weiteren Sinne gehört nicht nur die Benutzeroberfläche, sondern auch die Art, wie der Benutzer mit dem Kiosksystem interagiert. Auch dabei ist es wichtig, den Computerlaien nicht mit einer kompliziert anmutenden Tastatur oder mit der Benutzung einer Maus zu konfrontieren, sondern auf einfache, intuitiv zu bedienende Eingabegeräte zurückzugreifen.

Durchgesetzt hat sich hierbei vor allem der sogenannte Touch-Screen, ein berührungsempfindlicher Monitor, bei dem der Benutzer die Eingabe direkt durch Berührung des Monitors vornehmen kann. Eine weitere Möglichkeit ist die Verwendung individueller Eingabepanels, einer Art Spezial-Tastatur, die im Gegensatz zu herkömmlichen Tastaturen wesentlich einfacher, weil individuell auf den jeweiligen Kiosk zugeschnitten, zu bedienen ist und im allgemeinen auch robuster gebaut werden kann.

Die Individualität eines Kiosksystems ist, nicht nur was die Ein- und Ausgabemechanismen, sondern auch was das Design der Anwendung bis hin zum Kioskgehäuse betrifft, typisch.

---

1 Der Begriff "Benutzerschnittstelle" bezeichnet genaugenommen die Schnittstelle eines Menschen (z.B. Augen, Ohren oder Haut). In der Informatik hat sich dieser Begriff als "User-Interface" eingebürgert, anstatt die eigentlich korrekte Bezeichnung "Benutzungs-Schnittstelle" zu verwenden [43]. Hier wird deshalb weiterhin der Begriff "Benutzerschnittstelle" verwendet werden.

Je nach Einsatzgebiet, Standort, angebotenen Diensten und Zielgruppe unterscheiden sich die Systeme zum Teil erheblich. So benötigt der eine Kiosk z.B. eine Möglichkeit zur Texteingabe, ein zweiter dagegen einen Kartenleser und eine numerische Tastatur, ein weiterer Kiosk soll im Freien eingesetzt werden und benötigt deshalb ein entsprechend schützendes Spezialgehäuse, wieder ein anderer benötigt z.B. einen Drucker, um Belege oder Tickets ausstellen zu können.

Die Robustheit sowohl der Hard- als auch der Software gegen Fehlbedienung, Manipulationsversuche oder Vandalismus ist eine oft notwendige Bedingung für den Einsatz von Kiosksystemen. Nur wenn solche Systeme über einen längeren Zeitraum selbständig, stabil und zuverlässig eingesetzt werden können, ist in vielen Bereichen eine sinnvolle und effiziente Nutzung möglich.

Eine immer häufiger zu beobachtende Eigenschaft von Kiosksystemen ist die Integration multimedialer Elemente. Zunächst ist sicherlich auch hierfür die größere Akzeptanz der potentiellen Benutzer durch die Verwendung der meist vertrauten Medien Audio und Video ein Motivationsgrund, zusätzlich können aber durch diese Medien auch neue, effizientere Informationskanäle genutzt und die Bandbreite der zu vermittelnden Informationen verbreitert werden. Viele Sachverhalte, beispielsweise Bewegungsabläufe, lassen sich audiovisuell wesentlich einfacher, schneller und anschaulicher vermitteln als durch eine reine textuelle Beschreibung.

Abschließend sollen die wichtigsten Eigenschaften, die heutige Kiosksysteme charakterisieren, stichwortartig zusammengefaßt werden:

- Bereitstellung von Informationen
- Standort an allgemein zugänglichen Orten
- Interaktiv und Dialogfähig
- Breite Zielgruppe
- Oft wechselnde und unbekannte Benutzer
- Relativ kurze Verweildauer am System

- Bedienung erfolgt hauptsächlich im Stehen
- Einfache Benutzerschnittstelle
- Individuelle Anwendungen
- Robuste, fehlertolerante Hard- und Software
- zunehmende Integration multimedialer Elemente

2.2.2 Einsatzgebiete

Um eine bessere Vorstellung davon zu bekommen, wofür Kiosksysteme eingesetzt werden können, sollen im folgenden einige typische Anwendungsszenarien genannt und erläutert werden.

2.2.2.1 *Bahnhöfe und Flughäfen*

Kiosksysteme werden häufig in Bahnhöfen oder Flughäfen als intelligente Auskunfts- und Transaktionssysteme eingesetzt. Sie werden dabei unter anderem für folgende Dienste eingesetzt:

- Auskunft über An- und Abfahrt/-flugzeiten
- Lageplan der Bahn-/Flugsteige
- Anschlußverbindungen
- Abfrage von Preisen
- Sonderfahrten/-flüge
- Auskunft über Anbindungen an den öffentlichen Nahverkehr
- Platzreservierungen und Flugregistrierung
- Kauf von Fahr- und Flugscheinen

Beispiele für mögliche Abfragen/Transaktionen, die an solchen Kiosken von Benutzern getätigt werden können, sind:

- Welches ist die schnellste Verbindung von Stuttgart nach Hamburg?
- Welches ist die billigste Verbindung von Stuttgart nach München?
- Wo befindet sich der Schalter einer bestimmten Fluggesellschaft?

- An welchem Bahnsteig kommt der Zug aus Berlin an?
- Fensterplatz 2. Klasse Nichtraucher am 12. August 1995 um 17.00 Uhr von Mannheim nach Stuttgart im ICE reservieren.

2.2.2.2 *Innenstadtbereich von Großstädten*

Auch im Innenstadtbereich von Großstädten trifft man zunehmend Kiosksysteme in Form sogenannter Stadtinformationssysteme an. Diese bieten Touristen wie auch Einheimischen Auskunft über:

- Straßennamen und Plätze
- Öffentliche Gebäude
- Museen
- Krankenhäuser
- Hotels/Restaurants
- Kinos
- Kunst- und Kulturprogramme

Denkbar bei solchen Systemen wären beispielsweise folgende Abfragen:

- Wo ist das von hier aus nächstgelegene italienische Restaurant, das zur Zeit geöffnet hat? (Relativ zum Standort des Kiosks)
- In welchem Kino läuft heute abend der Film „Casablanca“?
- Welches Hotel in der Kategorie 1 hat heute nacht noch ein Doppelzimmer frei?

2.2.2.3 *Messen, Ausstellungen, Museen*

Besonders Messen und Ausstellungen, aber auch Museen suchen nach neuen Wegen, ihre Besucher zu informieren und zu leiten. Kiosksysteme haben sich hier als besonders effektiv erwiesen, sie werden als Informationssystem eingesetzt und beinhalten häufig einen multimedialen Katalog, der beispielsweise Auskunft über folgende Punkte liefern kann:

- Für Messen oder Ausstellungen:
  - Lageplan der Messe bzw. Ausstellung
  - Sachgebietskatalog
  - Telefonverzeichnis
  - Sonderveranstaltungen

  Mögliche Abfragen an das System wären hierbei:
  - Wo befindet sich der Aussteller IBM?
  - Welche Aussteller bieten Informationen über CD-ROM-Laufwerke?
  - Wie kann ich Frau Meier von IBM erreichen?
- Für Museen:
  - Informationen über die im Museum vorhandenen Exponate mit erläuternden Bildern, Videos und Hintergrundinformationen.
  - Exponate anderer Museen zu gleichen oder verwandten Themen.
  - Ausstellungsort eines bestimmten Exponats mit Wegbeschreibung.
  - Sonderveranstaltungen des Museums.

  Mögliche Abfragen wären:
  - Welche Bilder von Pablo Picasso sind im Museum zu besichtigen und wo sind sie jeweils zu finden?
  - Welche Räume muß ich besichtigen, um alle ausgestellten Kunstwerke expressionistischer Künstler zu sehen?

2.2.2.4 Einzelhandel

Noch nicht allzu häufig anzutreffen sind Kiosksysteme im Einzelhandel, obwohl auch und gerade hier vielfältige Anwendungsmöglichkeiten gegeben sind. Denkbar ist der Einsatz eines Kiosks beispielsweise als Point-of-Sale Kundeninformationssystem in Verbrauchermärkten oder Warenhäusern. Denkbare Anwendungen für solche Systeme sind :

- multimediale Produktpräsentationen
- Hinweise auf Sonderangebote
- Informationen über das Warenangebot
- Lageplan einzelner Produkte

Mögliche Abfragen der Kunden wären:

- Wo finde ich Produkt X?
- Was kostet Produkt Y?
- Welche Vergleichsprodukte zu Produkt Z sind erhältlich und was kosten sie?

2.2.2.5 Banken

Gerade der Bankenbereich ist mit den sogenannten Bankautomaten (engl. Automated Teller Machine - ATM) eine Art Vorreiter auf dem Gebiet der Kiosksysteme gewesen. Die Funktionalität ist zwar größtenteils noch auf das Abheben und Auszahlen eines bestimmten Geldbetrages oder das Ausdrucken des aktuellen Kontoauszuges beschränkt, jedoch ist das Potential für den Einsatz von Kiosksystemen als multifunktionales Kundeninformations- und Transaktionssystem enorm hoch. Dienste, die über ein solches System angeboten werden könnten, sind:

- interaktive Kontoführung zur Bearbeitung von:
  - Überweisungen
  - Daueraufträgen
  - Einzugsermächtigungen
- Anlageberatung
- Kreditberatung
- Abfrage von Aktien- und Devisenkursen
- Depotpflege

Zusätzlich kann eine sogenannte Beraterfunktion integriert werden, über die eine audiovisuelle Verbindung zu einem Kundenberater aufgebaut werden kann.

2.2.2.6 Immobilien

Für Immobilienmakler eignen sich Kiosksysteme z.B. als Informationssystem über aktuell angebotene Objekte mit:

- Lagebeschreibung
- Preisinformationen
- umliegende Infrastruktur
- multimediale Exposés
- virtuelles „walking through“

Mögliche Anfragen an ein solches System sind:

- Welche Objekte in der Preisklasse x bis y mit Anschluß an den öffentlichen Nahverkehr, Garage und nahegelegenen Einkaufsmöglichkeiten werden angeboten?
- Wie ist der Blick aus dem Wohnzimmer von Objekt X?

2.2.2.7 Aus- und Weiterbildung

In der Aus- und Weiterbildung (Computer Based Training (CBT)) werden Kiosksysteme u.a. für folgende Zwecke eingesetzt :

- Schulungs-, Lern- und Lehrsysteme für firmeninterne Aus- und Weiterbildung.
- Gefahrlose Simulation von kritischen Trainingssituationen z.B. im nukleartechnischen Bereich oder bei der Ausbildung von Kraftfahrern, Piloten oder Lokführern.
- Computerunterstütztes Lernen in der Gruppe (z.B. im Klassenverband einer Schulklasse) als spezielle Ausprägung von Computer Supported Corporated Work (CSCW).

Diese Liste könnte beliebig fortgesetzt werden; es sollte angedeutet werden, wie breit das Spektrum für Kioskanwendungen heute bereits ist, und es läßt sich vermuten, daß weitere interessante Nutzungsmöglichkeiten für Unternehmen und Anwender gleichermaßen hinzukommen werden.

Vor allem durch die zunehmende Verbreitung verteilter Multimedia-Systeme werden in den kommenden Jahren zusätzliche Anwendungsszenarien für Kiosksysteme aufgetan werden.

2.2.3 Definition

Da der Begriff Kiosk bzw. Kiosksystem im Umfeld der Informationstechnologie zwar häufig verwendet, selten aber genau definiert wird, soll im folgenden eine detaillierte Begriffsklärung und Definition skiziert werden.

Ein erster Ansatz dazu ist die Klärung des Begriffs Kiosk, so wie er allgemein verstanden wird:

Definition:

> **Kiosk** [pers.-turk.-frz.], in der islamischen Baukunst ein pavillonartiges Gartenhaus, in Europa mit Aufblühen der Gartenkunst im 17./18. Jahrhundert übernommen. - Heute Verkaufshäuschen (u.a. für Zeitungen, Getränke, Süßigkeiten). Bevorzugte Standorte sind belebte Straßen, Plätze und Ausflugsziele [33].

Der erste, eher historische Teil der obigen Definition hat für die weitere Betrachtung keine Relevanz. Interessant für die Definition eines Kiosks in unserem Sinne dagegen ist der zweite, aktuellere Teil. Besondere Bedeutung hat dabei der Satz: „Bevorzugte Standorte sind belebte Straßen, Plätze und Ausflugsziele.". Diese Eigenschaft gilt für die meisten Kiosksysteme, wie wir sie betrachten, in nahezu gleicher Weise. Heutige Kiosksysteme sind zwar keine Verkaufshäuschen, der Ablauf eines typischen Kontakts mit einem Verkaufs-Kiosk und einem Kiosksystem weist jedoch einige Parallelen auf. So gibt es einerseits Kunden, die beim zufälligen Vorbeilaufen durch optische und/oder akustische Reize, wie z.B. Werbung, zum näheren Herantreten animiert werden. Auf der anderen Seite gibt es Kunden, die aus einer bestimmten Motivation heraus, wie z.B. Informationsbedarf, gezielt einen Kiosk aufsuchen. Eine weitere Gemeinsamkeit ist die relativ kurze Verweildauer an einem Kiosk. Anders als beim Besuch eines Kaufhauses oder der Nutzung eines herkömmlichen Computersystems, welche nicht selten mehrere Stunden betragen, ist der Kontakt mit einem Verkaufs-Kiosk oder Kiosksystem eher im Minutenbereich angesiedelt.

Ausgehend von den obigen Ausführungen und unter Berücksichtigung der in den vorangegangenen Kapiteln gefundenen Merkmale und Eigenschaften von Kiosksystemen wird folgende Definition aufgestellt:

Definition:

Kiosksystem, rechnergestütztes Informationssystem an öffentlich zugänglichen Orten, von welchem über eine einfache Benutzerschnittstelle, von häufig wechselnden und meist unbekannten Benutzern, überwiegend im Stehen und innerhalb einer relativ kurzen Verweildauer, Informationen abgerufen oder Transaktionen ausgelöst werden können.

Auf den ersten Blick erscheint diese Definition eventuell sehr allgemein. Dies ist durchaus gewollt. Eine restriktivere Begriffsdarstellung würde dazu führen, daß zuviele Systeme den Kriterien der Definition nicht entsprechen würden, obwohl sie zum erweiterten Kreis der Kiosksysteme gezählt werden müssen.

Bevor eine Klassifikation vorgenommen wird, werden zum besseren Verständnis noch die Begriffe Kiosk, Kiosksystem und Kioskanwendung voneinander abgegrenzt.

- ***Kiosk*** wird synonym zu Kiosksystem (s.u.) verstanden.
- Zu einem ***Kiosksystem*** gehören alle Einrichtungen zum Betreiben eines Kiosks (Systemeinheit, Ein- und Ausgabegeräte, Speichermedien, Spezialhardware, Kioskgehäuse, Betriebssystem, Standardsoftware, Individualsoftware, etc.).
- Eine ***Kioskanwendung*** ist die individuelle Anwendungssoftware zum Betreiben eines speziellen Kiosksystems.

2.3 Klassifikation von Kiosksystemen

It has yet to be proven that intelligence
has any survival value.

Arthur C. Clarke

Eine weitere Differenzierung des Begriffs Kiosk, ausgehend von der allgemeinen Definition, erscheint notwendig und sinnvoll. Es wurde versucht, die dazu verwendeten Klassifikationskriterien so aufzustellen, daß sie mehr oder weniger unabhängig voneinander sind, sich also nicht ausschließen. Die Merkmalsausprägungen innerhalb dieser Klassen sind dagegen so, daß sie eine genaue Zuordnung eines Kiosksystems innerhalb dieser Klasse zulassen.

Die Klassifikationskriterien sind:

- Unterstützte Medien
- Interaktionsgrad
- Verteilungsgrad

2.3.1 Unterstützte Medien

Eine erste Einteilung kann dadurch vorgenommen werden, daß man zwischen multimediafähigen Kiosken, die kontinuierliche Medien unterstützen, und nicht multimediafähigen Kiosken, die ausschließlich diskrete Medien unterstützen, unterscheidet. Diese Unterscheidung soll durch folgende Begriffe zum Ausdruck gebracht werden:

- **Multimediale Kiosksysteme** unterstützen neben diskreten Medien wie Text und Grafik auch kontinuierliche Medien wie Audio und Video.
- **Text- und Grafikbasierte Kiosksysteme** unterstützen nur diskrete Medien (Text und Grafik).

Diese Klasseneinteilung setzt die in Kapitel 3.1.1 ab Seite 28 gegebene Definition als Selektionskriterium voraus. Ein Kiosksystem muß demnach sowohl kontinuierliche als auch diskrete Medien unterstützen, um als Multimedialer Kiosk zu gelten.

2.3.2 Interaktionsgrad

Je nachdem, welche Einflußmöglichkeiten ein Benutzer auf die ihm präsentierten Informationsinhalte und den Informationsfluß hat, und abhängig davon, ob an einem Kiosksystem Transaktionen, d.h. Änderungen an dem Datenbestand, durchgeführt werden können oder nicht, kann man verschiedene Interaktionsgrade unterscheiden:

- **Animationskiosk**: Der Benutzer hat keine Möglichkeit, (außer evtl. Start und Stop) Art, Umfang oder Reihenfolge der ihm präsentierten Informationen zu beeinflussen.
- **Interaktionskiosk**: Der Benutzer kann Art, Umfang und Reihenfolge der ihm präsentierten Informationen interaktiv beeinflussen.
- **Transaktionskiosk**: Der Benutzer kann durch seine Interaktion im System gehaltene Daten manipulieren (eine Transaktion auslösen).

Innerhalb dieser Beeinflussungsgrade können zum Teil noch weitere Unterschiede gemacht werden. Ein Interaktionskiosk kann Selektionskriterien explizit über eine Tastatur oder ähnliches einlesen, d.h. über gezielte Suchbegriffe oder komplexere Suchanfragen gesteuert werden oder über sogenannte Hyperlinks, das sind interne Verzweigungen zu anderen Informationen, dem Benutzer das Navigieren ermöglichen.

Ähnliches gilt für Transaktionskioske, bei denen sowohl durch explizite Eingaben als auch durch einfaches Betätigen eines „Buttons" eine Transaktion ausgelöst werden kann. Ein Beispiel für den ersten Fall wäre die Buchung eines Fluges zu einem bestimmten Termin auf einen bestimmten Namen, ein Beispiel für den zweiten Fall wäre der Erwerb einer Eintrittskarte zu einer Sport- oder Kulturveranstaltung, welche nicht an eine bestimmte Person gebunden ist und bei der z.B. Datum und Uhrzeit feststehen. Bei einer solchen Buchung, bei der keine expliziten Angaben erforderlich sind (ausser evtuell unterschiedliche Preis- oder Sitzkategorien, die per Auswahlmenü abgefragt werden können), genügt es demnach, die Transaktion per Knopfdruck auszulösen.

2.3.3 Verteilungsgrad

Bei der Informationsspeicherung wie auch der Transaktionsverarbeitung kann zwischen lokalen und verteilten Kiosksystemen unterschieden werden. Dies ist ein weiteres Unterscheidungskriterium und wird hier als Verteilungsgrad bezeichnet:

- **Lokale Kiosksysteme** halten ihre gesamten Daten lokal (z.B. auf Festplatten oder CD-ROM-Laufwerken, die über den lokalen Datenbus an das System angeschlossen sind).
- **Verteilte Kiosksysteme** basieren auf einer verteilten Architektur, in der die Daten auf einem oder mehreren anderen Systemen verteilt gehalten werden. Dies ist vor allem bei Nutzung multimedialer Daten, die sich, wie bereits gezeigt wurde, u.a. durch besonders hohe Datenvolumina auszeichnen, von Vorteil, da nicht in jedem lokalen Kiosksystem mehrere hundert Megabyte Daten redundant gehalten werden müssen. Somit können Kosten für periphere Speichermedien eingespart und die konsistente Aktualisierung und Pflege des Datenbestandes wesentlich vereinfacht werden.

Prinzipiell kann bei verteilten Kiosksystemen noch weiter unterschieden werden zwischen vollständig verteilten Kiosksystemen, bei denen sowohl alle Daten als auch die Anwendung verteilt sind, bis hin zu einem nur teilweise verteilten System, bei dem nur einzelne Daten verteilt gehalten oder nur die Transaktionen entfernt ausgeführt werden. Eine feinere Unterteilung ist für die Zwecke dieser Arbeit jedoch nicht notwendig und wird deshalb auch nicht vorgenommen.

Es existieren zum Teil Kiosksysteme, die ihre Daten prinzipiell lokal halten, jedoch in bestimmten Zeitabständen (z.B. einmal täglich) von entfernten Rechner neue bzw. aktualisierte Informationen über ein Netz erhalten. Diese Systeme sollen hier nicht als verteilte Kiosksysteme gelten, da die Datenübertragung nicht in unmittelbarem Zusammenhang mit dem Abruf bzw. der Verarbeitung der Daten steht und nur alternativ zu anderen Methoden, wie beispielsweise dem Aktualisieren der Daten per Disketten, verwendet wird.

2.3.4 Zusammenfassende Klassifikation

Die unter den drei oben genannten Kategorien „Unterstützte Daten", „Beeinflussungsgrad" und „Verteilungsgrad" aufgezählten Unterscheidungskriterien stehen prinzipiell orthogonal zueinander. Das heißt, es gibt sowohl verteilte konventionelle Kioske als auch lokale multimediale Kioske; ein Interaktionskiosk kann multimedial oder konventionell sein.

Es sollte prinzipiell möglich sein, jedes Kiosksystem einer dieser Klassen zuzuordnen. Abbildung 2 gibt noch einmal eine Übersicht über die vorgenommene Klassifikation und erleichtert durch die graphische Darstellung eine Zuordnung von Kiosksystemen zu den jeweiligen Klassen. Zusätzlich verdeutlicht sie, in welchem Bereich die Schwerpunkte dieses Buches zu finden sind.

Interessant für dieses Buch sind demnach vor allem verteilte multimediale Kiosksysteme, mehr oder weniger unabhängig vom Beeinflussungsgrad, wichtig ist vielmehr der Aspekt der Verteilung und die Unterstützung kontinuierlicher Medien.

Abbildung 2: Klassifikation von Kiosksystemen

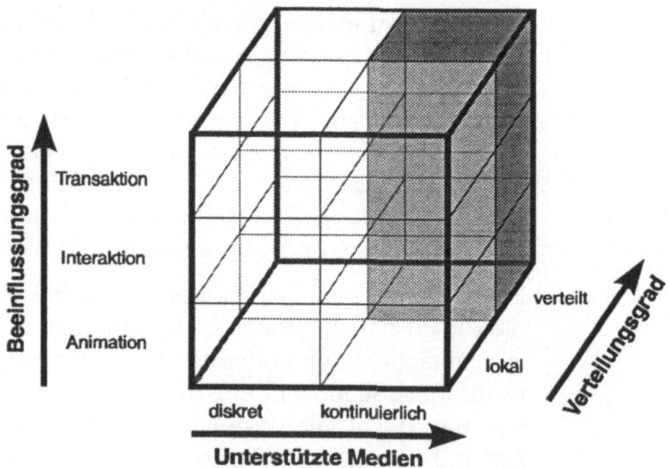

2.4 Vorteile durch die Nutzung von Kiosksystemen

I find that a great part of the information I have was acquired by looking up something and finding something else on the way

Franklin P. Adams

Nachdem wir nun gesehen haben, was unter einem Kiosksystem zu verstehen ist und welche Arten und Klassen von Kiosksystemen es gibt, kommen wir zu der Frage: „Welchen Nutzen bringt der Einsatz eines Kiosksystems?“. Wir werden diese Frage von zwei Seiten beleuchten, zum einen aus der Sicht der Dienstanbieter, also derjenigen, die Kiosksysteme aufstellen, und zum anderen aus der Sicht der Dienstbenutzer, also derjenigen, die ein Kiosksystem benutzen.

2.4.1 Aus der Sicht der Dienstanbieter

Bevor ein Dienstanbieter sich dazu entschließt, ein Kiosksystem einzusetzen, wird er sich die Frage stellen, ob sich die Investition lohnt, was der Einsatz eines Kiosksystems bringt. Aufgrund der Vielzahl von Arten und Einsatzmöglichkeiten von Kiosksystemen muß diese Frage differenziert betrachtet werden. Zwar gibt es einige Punkte, die mehr oder weniger unabhängig von der Art und dem Einsatzbereich genannt werden können, auf der anderen Seite gibt es aber auch eine Reihe von Punkten, die ganz spezifisch nur auf das eine oder andere System zutreffen. Im folgenden soll deshalb zunächst dargestellt werden, welche Vorteile die Nutzung von Kiosksystemen für Dienstanbieter im allgemeinen bringt, bevor anschließend beispielhaft die Vorteile einiger spezieller Kiosksysteme dargestellt werden.

2.4.1.1 Vorteile allgemein

Mehr oder weniger unabhängig von Art und Einsatzgebiet können Dienstanbieter durch die Nutzung von Kiosksystemen eine Reihe von Vorteile erzielen.

Gerade im Verkaufsbereich, aber auch im Servicebereich, sind ein Großteil der von Kunden gestellten Fragen oder der gewünschten Informationen Routinefragen bzw. Standardinformationen. Hierbei können Kiosksysteme das Personal deutlich entlasten und diese Aufgaben vielfach übernehmen. Oftmals kann auch qualifiziertes Personal Fragen nicht unmittelbar und ohne zusätzliche Information beantworten. Kiosksysteme hingegen können so ausgelegt werden, daß sie Zugriff auf entsprechende Datenbanken haben, die dem Kunden ein breites Spektrum an aktuellen Informationen direkt verfügbar machen.

Banken, Versicherungen oder auch öffentliche Einrichtungen haben häufig Öffnungszeiten, die es vielen Berufstätigen schwer machen, den Service in Anspruch zu nehmen. Informations- bzw. Serviceverfügbarkeit durch ein Kiosksystem, das rund um die Uhr bereit steht, kann hier Abhilfe schaffen.

Ein weiterer Vorteil ist, daß Kiosksysteme an Plätzen und Orten eingesetzt werden können, an denen anderweitig in der Form kaum oder nur sehr schwer Dienstleistungen oder Informationen angeboten werden können. Geringer Platzbedarf bei hohem elektronischem Informations-, Waren- oder Dienstleistungsangebot sowie die Tatsache, daß kein Verkaufs- bzw. Servicepersonal eingesetzt werden muß, machen dies zusätzlich attraktiv.

Die Integration neuer Medien wie Audio und Video ermöglicht es Kioskbetreibern, ihre Informationen, Waren oder Dienstleistungen attraktiver und verständlicher zu präsentieren. Viele Menschen sind außerdem mit dem Umgang dieser Medien durch Fernsehen und Rundfunk vertraut und reagieren darauf deshalb überwiegend positiv.

Mehrsprachige Varianten eines Kiosksystems sind relativ einfach zu realisieren. Der Übersetzungsaufwand ist nur bei der

Erstellung oder dem Aktualisieren des Systems nötig und kann von geschulten Übersetzern vorgenommen werden. Dadurch wird nicht nur ein größerer Kundenkreis angesprochen, sondern teilweise wird es auch Personen ermöglicht, an Informationen zu kommen, die sie sonst kaum oder nur schwer bekommen hätten.

Im Gegensatz zum persönlichen Berater, der teilweise Subjektivität vermittelt, wirkt die Information, die über ein Kiosksystem angeboten wird, überwiegend neutral und objektiv. Auch die Hemmschwelle, die manche Personen haben, wenn Sie beispielsweise zu einem Kreditberater gehen müssen, wird durch ein Kiosksystem oftmals aufgehoben. Wenn es z.B. darum geht, eine größere Finanzierung zu planen, geben Kunden einem scheinbar neutralen System eher und leichter die exakte Information, welche monatliche Belastung maximal für sie tragbar ist, als sie dies vielleicht einer Person gegenüber machen würden.

Durch interaktive Beteiligung an der Informationsgestaltung haben Kioskbenutzer die Möglichkeit, Art, Inhalt und Umfang der präsentierten Information zumindest teilweise zu beeinflussen. Dadurch ergeben sich erfahrungsgemäß nicht nur bessere Erinnerungseffekte, sondern die Benutzer sind zufriedener, weil sie das Gefühl vermittelt bekommen, sich ihre Information individuell selbst zusammengestellt zu haben.

Wichtig für Kioskbetreiber ist es, daß über eingebaute Statistikfunktionen ein Feedback über das Benutzerverhalten möglich ist. Durch Statistiken über Anzahl der Zugriffe und die jeweilige Verweildauer können z.B. besonders interessante Seiten im System ausgemacht werden, was wertvolle Rückschlüsse über das Kunden- und Konsumentenverhalten liefern kann. Aber auch unattraktive Seiten können darüber identifiziert und eventuell überarbeitet werden. Der Grund dafür, daß auf bestimmte Seiten nicht oder kaum zugegriffen wird, kann entweder sein, daß diese nicht ideal im System plaziert und deshalb nicht gefunden werden, oder daß die Inhalte kein Interesse finden.

2.4.1.2 Vorteile spezieller Kiosksysteme

Neben den oben genannten, allgemeinen, von Art und Einsatzgebiet der Kioske weitgehend unabhängigen Vorteilen, die Dienstanbieter durch den Einsatz von Kiosksystemen haben, gibt es für spezielle Kiosksysteme weitere Vorteile, die im folgenden an zwei konkreten Beispielen dargestellt werden sollen.

- **Verkaufs-Kioske in Verbrauchermärkten oder Warenhäusern:**
  - Durch ansprechende Produktpräsentation können beim Kunden oder Konsumenten vor Ort gezielt Bedürfnisse geweckt werden.
  - Durch multimediale Produktpräsentationen können Produkte angeboten werden, die aufgrund der benötigten Stellfläche sonst nicht immer verfügbar gehalten oder überhaupt nicht angeboten werden könnten (z.B. große Möbel, Teppiche, etc.).
  - Interaktive Verkaufskioske geben dem Kunden die Möglichkeit, Produkte individuell zusammenzustellen und sich unmittelbar ein Bild vom Ergebnis machen zu können. (z.B. bei Kücheninstallationen, Wohnungseinrichtungen, etc.).
- **Kioske im Bankenbereich:**
  - Kioske ermöglichen die diskrete und schnelle Abwicklung vieler Bankgeschäfte.
  - Handschriftliche Überweisungen und Daueraufträge werden durch die direkte Eingabe am Kiosk ersetzt. Dadurch kann nicht nur mindestens ein Arbeitsschritt sowie Zeit eingespart, sondern auch die Fehleranfälligkeit deutlich reduziert werden.
  - Andere Dienstleistungen wie Versicherungen oder auch Wertpapiergeschäfte können direkt, schnell und zuverlässig über ein Kiosk abgewickelt werden.

2.4.2 Aus der Sicht der Dienstbenutzer

Nicht nur Dienstanbieter, sondern auch Dienstbenutzer, also Kunden, Konsumenten oder Informationssuchende, können aus dem Einsatz von Kiosksystemen Nutzen und Vorteile ziehen. Neben der ständigen Verfügbarkeit sind hier vor allem Aktualität, Anonymität, Möglichkeit der interaktiven Gestaltung des Informationsprozesses sowie Zugriffsgeschwindigkeit auf die gewünschte Information bzw. den gewünschten Service die ausschlaggebenden Faktoren.

Durch gezielte Beratung und Informationsbeschaffung in einem Kiosk vor Ort kann der Kunde beim Einkauf in einem Kaufhaus z.B. bereits „online" Produkte vergleichen und aussuchen, wobei anschließend Wege und Zeit eingespart werden können. Das System kann konkret Informationen über Preis und Verfügbarkeit von Produkten geben oder anhand bestimmter Kriterien die günstigsten Angebote aus dem Sortiment vorschlagen. Eine anschließende Wegbeschreibung, wo die Produkte zu finden sind, erleichtert den Einkauf zusätzlich.

Bankgeschäfte sind häufig Routineaufgaben, die ohne persönliche Beratung an einem Kiosksystem schneller abzuwickeln sind als am Bankschalter. Auch hier ist die 24h Serviceverfügbarkeit für vielen Kunden sehr attraktiv. Herkömmliche Bankomaten, die nur Bargeld auszahlen, werden in letzter Zeit immer weiter in Richtung interaktive Bankserviceschalter erweitert. Dienste wie Überweisungen, Daueraufträge, Kontostandsabfrage sind bei vielen Banken heute bereits über sogenanntes „Home Banking" mit dem Personal Computer von zu Hause aus möglich. Diese Dienste werden zunehmend auch am Bankomaten möglich sein.

Im öffentlichen Nahverkehr ist es schon lange üblich, Fahrkarten am Fahrkartenautomaten zu lösen. Auch diese Automaten werden immer weiter ausgebaut, und die Fahrgäste können teilweise bereits zusätzlich zum Fahrkartenverkauf Informationen über Fahrpläne, Streckennetz, Anschlußverbindungen etc. abrufen.

Beim Lösen einer Eintrittskarte für eine Theaterveranstaltung, ein Konzert oder für eine Sportveranstaltung ist es oftmals interessant zu wissen, welche Sicht von dem einen oder anderen Platz aus vorhanden ist. Hier können interaktive Verkaufskioske durch Videoeinspielung Beispiele geben, anhand derer der Kunde besser entscheiden kann. Es wurde beobachtet, daß Kunden durch den direkten Vergleich der Sichtverhältnisse sich häufiger und leichter für eine teurere Kategorie entscheiden, als wenn diese Vergleichsmöglichkeit nicht besteht.

3 Multimedia und Verteilung

3.1 Multimedia

Talking about multimedia is a lot like talking about love.
Everybody agrees that it's a good thing,
everybody wants to participate in it,
but everybody has a different idea
about what „it" really is.

Georgia McCabe, Director, Commercial Photo CD,
Eastman Kodak Company

Der Begriff Multimedia leidet eigentlich nicht darunter, daß keiner sich etwas darunter vorstellen kann, sondern daß zu viele Leute sich zu viel darunter vorstellen [40]. Multimedia wird häufig als Marketinginstrument eingesetzt und bezeichnet die unterschiedlichsten Eigenschaften. Oftmals wird beinahe alles, was über reine Textverarbeitung, reine Tabellenkalkulation oder reine Datenbanken hinausgeht, mit dem Etikett Multimedia versehen.

Abbildung 3: Was ist Multimedia?

Um diese Begriffsverwirrung, zumindest was die weiteren Ausführungen dieser Arbeit angeht, etwas einzudämmen, soll zunächst erläutert werden, was im Rahmen dieses Buches unter dem Begriff Multimedia verstanden wird. Im folgenden werden einige charakteristische Eigenschaften multimedialer Daten, Möglichkeiten zur Integration multimedialer Daten in Dokumente und Anforderungen an ein verteiltes Multimedia-System, sowie dessen Vorteile gegenüber lokalen Systemen, beschrieben.

3.1.1 Definition

Ein erster Zugang zum Begriff Multimedia kann, über eine Klärung der beiden Wortbestandteile „Multi" und „Media" gefunden werden.

Definition:

multi..., Multi [zu lat. multus „viel"], Bestimmungswort von Zusammensetzungen mit der Bedeutung „viel", „vielfach". [33].

Medium [lat. „das in der Mitte Befindliche"], (Mehrz. Medien, Media), allgemein Mittel, vermittelndes Element, insbesondere (in der Mehrzahl) Mittel zur Weitergabe und Verbreitung von Information durch Sprache, Gestik, Mimik, Schrift und Bild (...) [33].

Da der zusammengesetzte Begriff Multimedia jedoch mehr bedeutet, als die bloße Kombination der beiden Wortbestandteile („viele Medien") auszusagen vermag, ist eine differenziertere Betrachtung notwendig.

Im Brockhaus-Lexikon findet sich unter dem Stichwort Multimedia der Hinweis auf „Mixed Media" als eine „Äußerung der zeitgenössischen Kultur, deren Wirkungsformen sich nicht mehr auf Gattungsgrenzen einer Disziplin ... beschränken, sondern programmatisch auf Zusammenfassung und Wirkungsintegration mehrerer Medien ... zielen". Als Medien beschreiben die Autoren der Lexikonredaktion Musik, Geräusche, Sprache, Schauspieler, Aktion sowie Film, besonders als Licht und Farbeindruck [8].

Oftmals findet man Definitionen wie: „Multimedia ist die Verbindung mehrerer Medien wie Text, Grafik, Bild, Ton, Animation und Video". Bei dieser Art von Definition wird

Medium mit Medium gleichgesetzt, d.h. es erfolgt zwar eine quantitative, jedoch keine qualitative Abgrenzung der Medien untereinander. Ein System, das Text, Grafik und Bild unterstützt, wäre nach dieser Definition bereits ein Multimediasystem.

Eine klarere Differenzierung des Begriffs Medium nach verschiedenen Kriterien wird in [21] vorgenommen. Dabei werden folgende Arten von Medien unterschieden:

- **Perzeptionsmedien** werden von den menschlichen Sinnen abgeleitet und sind unterteilt in visuelle und auditive Medien wie z.B. Text, Grafik, Bild, Musik, Sprache oder Geräusch. D.h. Antwort auf die Frage: Wie nimmt der Mensch die Information auf?
- **Repräsentationsmedien** sind durch die rechnerinterne Darstellung der Informationen gekennzeichnet. Beispiele für Text sind ASCII oder EBCDIC, für Grafik TIF oder JPEG. D.h. Antwort auf die Frage: Wie wird die Information im Rechner kodiert?
- **Präsentationsmedien** unterscheiden die Art der Ein- und Ausgabe von Informationen. Beispiele für Eingabemedien sind Tastatur oder Mikrophon, Ausgabemedien können Papier, Bildschirm oder Lautsprecher sein. D.h. Antwort auf die Frage: Wie wird die Information in einen Rechner eingelesen oder von einem Rechner ausgegeben?
- **Speichermedien** sind die unterschiedlichen Datenträger wie z.B. Papier, Mikrofilm, Diskette oder Festplatte. D.h. Antwort auf die Frage: Worauf wird die Information gespeichert?
- **Übertragungsmedien** sind die Informationsträger, die eine kontinuierliche Übertragung von Daten ermöglichen. Beispiele sind Kabel, Lichtwellenleiter oder die Atmosphäre. D.h. Antwort auf die Frage: Über welche Medien wird Information übertragen?
- **Informationsaustauschmedien** entsprechen den Speicher- oder Übertragungsmedien oder sind eine Kombination von beiden.

Eine detailliertere Auseinandersetzung mit diesen Begriffen findet man in [43]. Grundlage für die weitere Betrachtung ist der Begriff Medium im Sinne von Perzeptionsmedium wie oben beschrieben.

Das Bestimmungswort „Multi" als Präfix von Multimedia bedeutet lediglich „viel", sagt aber nichts über die Zahl der beteiligten Medien aus. Rein quantitativ betrachtet könnte man jedes System, das mehr als ein Medium unterstützt, als Multimedia-System betrachten. Wie in [41] und [42] definiert, entscheidet aber weniger die Zahl (Quantität), als vielmehr die Art (Qualität) der unterstützten Medien darüber, ob ein Multimedia-System seinem Namen gerecht wird oder nicht.

Neben der Unterscheidung, wie sie in [21] vorgenommen wurde, kann eine weitere Unterscheidung von Medien anhand ihrer Abhängigkeit bezüglich der Zeit vorgenommen werden. Medien können zeitunabhängig (*diskret*) oder zeitabhängig (*kontinuierlich*) sein.

- **Zeitunabhängige Medien** sind beispielsweise Text oder Grafik. Die Gültigkeit der Informationen dieser Medien ist vom Zeitpunkt der Präsentation nahezu unabhängig.
- **Zeitabhängige Medien** sind beispielsweise Audio oder Video. Die Verarbeitung dieser Daten ist zeitkritisch, die Gültigkeit der Information hängt entscheidend vom Zeitpunkt der Präsentation ab.

Eine weitere Unterscheidung kann dadurch vorgenommen werden, ob die Medien voneinander abhängig oder unabhängig be- und verarbeitet werden können. Erst die Unabhängigkeit ermöglicht es, einzelne Medien beliebig kombiniert zu präsentieren. Ideales Werkzeug hierzu ist der Rechner. Die rechnergesteuerte Kombination unabhängiger Medien kann man als Medien-Integration bezeichnen. Durch die Integration werden Synchronisationsbeziehungen, die zeitlich, örtlich oder inhaltlich sein können, eingeführt. Erst durch diese Möglichkeit können verschiedene Medien für verschiedene Zwecke unterschiedlich kombiniert und präsentiert werden.

Ausgehend von den obigen Betrachtungen und in Anlehnung an die in [42] und [43] geführte Argumentation wird folgende Definition für Multimedia zugrundegelegt.

Definition:

Multimedia kennzeichnet die rechnergesteuerte, integrierte Erzeugung, Manipulation, Darstellung, Speicherung und Kommunikation unabhängiger Informationen mehrerer zeitabhängiger und zeitunabhängiger Medien.

Dieser restriktiven Definition genügen nicht unbedingt alle Systeme, die heute Multimedia als Bezeichner im Titel führen. Für die im folgenden betrachteten Systeme ist es jedoch wichtig, eine solche scharfe Abgrenzung vorzunehmen, um klarzustellen, daß sowohl kontinuierliche als auch diskrete Medien gleichermaßen unterstützt werden können.

3.1.2 Multimediale Daten

Von multimedialen Daten wird hauptsächlich dann gesprochen, wenn es sich um kontinuierliche Medien wie Audio, Video oder Animation handelt. Diese Medien haben einige besondere Eigenschaften, die sie von nicht-multimedialen Daten (sogenannten diskreten Daten) unterscheiden. Diese Eigenschaften sollen in diesem Abschnitt erläutert werden.

Die erste Eigenschaft kontinuierlicher Daten ist die bereits angesprochene Abhängigkeit von der Zeit. Kontinuierliche Daten müssen in ganz bestimmten, konstanten Zeitabständen anliegen, und sind nur innerhalb einer relativ kurzen Zeitspanne gültig. Werden die Daten zu früh oder zu spät ausgegeben, sind sie praktisch wertlos und können verworfen werden.

Die Anforderung an ein Multimedia-System ist deshalb, Daten nicht nur mit einer akzeptablen Verzögerung (Delay) verarbeiten und ausgeben zu können, sondern dies auch mit einer fest vorgegebenen, konstanten Varianz der Verzögerung (Delay-Jitter).

Abbildung 4: Unterschied zw. Delay und Delay-Jitter

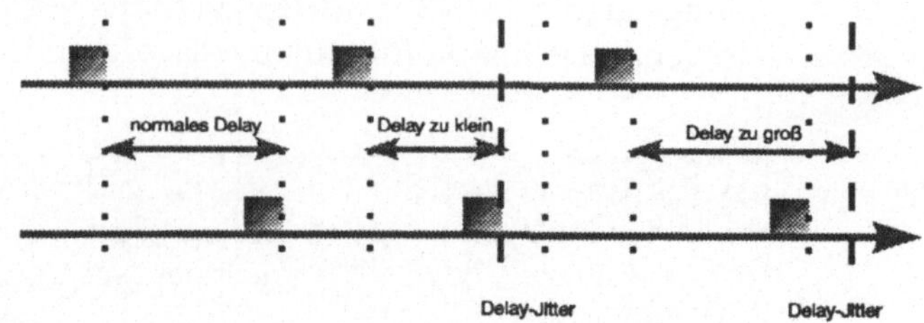

Zwar ist beim Abruf gespeicherter Multimedia-Daten die Verzögerung nicht ganz so kritisch; um die Information nicht zu verfälschen, muß der Delay-Jitter aber trotzdem immer konstant eingehalten werden. Als konkretes Beispiel kann man sich vorstellen, daß ein Delay von 2 oder 3 Sekunden vom Abruf eines 90 Minuten langen Videos bis zur Anzeige des ersten Bildes kaum ins Gewicht fällt, ein Delay-Jitter aber schon in einer Größenordnung von wenigen Zehntelsekunden nicht mehr akzeptabel ist. Auch bei unidirektionaler Live-Übertragung von Multimedia-Daten ist ein Delay im Sekundenbereich noch zu akzeptieren, bei bidirektionaler Live-Übertragung (z.B. für Multimedia-Konferenzen) ist ein Delay dieser Größenordnung jedoch störend und sollte vermieden werden.

Eine weitere charakteristische Eigenschaft multimedialer Daten ist die große Datenmenge, die durch das Digitalisieren der analogen Informationen anfällt, welches für eine Bearbeitung mit digitalen Rechnern notwendige Voraussetzung ist.

Bei der Digitalisierung werden die analogen, sich kontinuierlich und stufenlos verändernden Größen, in einen diskreten Wertebereich abgebildet. Dazu werden zu bestimmten aufeinanderfolgenden Zeitpunkten Meßwerte festgehalten, die, als Zahlen erfaßt, jederzeit exakt reproduzierbar sind (vgl. Abbildung 5). Um ein analoges Signal verlustfrei digital reproduzieren zu können, muß laut Nyquist-Theorem die Abtastrate zwei Mal so hoch wie die höchste darzustellende Frequenz sein [7]. Dies läßt sich damit veranschaulichen, daß ein Signal pro Wellenzyklus genau zwei Werte benötigt, ein

Wert in positiver und ein Wert in negativer Amplitudenrichtung. Um beispielsweise CD-Audio-Qualität (max. Frequenz 22,05 kHz) digital darstellen zu können, wird eine Abtastrate von 44,1 kHz benötigt [44].

Die Kopie digitaler Daten ist immer ein identisches Abbild des Originals und läßt sich von diesem nicht mehr unterscheiden. Im Gegensatz dazu treten bei der Reproduktion analoger Informationen zwangsläufig Fehler auf, die durch die Unvollkommenheit der elektrischen Wandlung hervorgerufen werden. Diese Fehler sind nachträglich kaum zu korrigieren und werden bei weiteren Kopien sogar noch verstärkt. Digitale Informationen lassen sich zudem mit wesentlich geringerem technischen Aufwand weiterverarbeiten, da es sich um Zahlen fester Größe handelt, die auf unterster Ebene auf die binären Werte 0 und 1 abgebildet werden können.

Abbildung 5: Unterschied zw. analog und digital

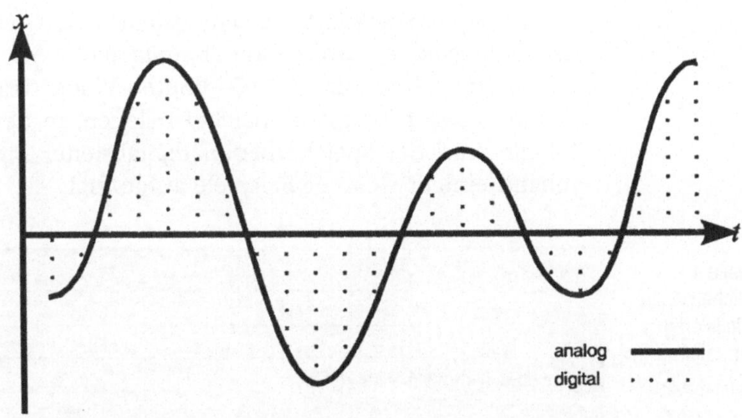

Um eine Vorstellung davon zu bekommen, welche Datenmengen beim Digitalisieren tatsächlich anfallen, folgendes Beispiel:

Ein analoges Videosignal soll mit 640x480 Bildpunkten und 8 Bit Farbtiefe pro RGB-Farbwert digitalisiert werden. Das dabei entstehende Datenvolumen pro Bild errechnet sich wie folgt:

$$640 \times 480 \frac{Bildpunkte}{Bild} \times 3\ Farbwerte \times 8 \frac{Bit}{Farbwert} = 7\ 372\ 800 \frac{Bit}{Bild}$$

Bei 25 Bildern pro Sekunde, die für Bewegtbildeindruck notwendig sind, entspricht dies:

$$25 \frac{Bilder}{Sekunde} \times 7\ 372\ 800 \frac{Bit}{Bild} = 184\ 320\ 000 \frac{Bit}{Sekunde}$$

Das heißt, pro Sekunde digitalisiertem Video werden mehr als 20 Megabyte, pro Minute bereits mehr als 1 Gigabyte Speicherplatz benötigt. Ein 90-Minuten-Video würde unkomprimiert etwa 1 Terabyte Speicher belegen. In der folgenden Tabelle wird der Speicherbedarf digitalisierter Informationen anhand einiger weiterer Beispiele aufgezeigt:

Tabelle 1: Speicherbedarf digitalisierter Information

Art der Information	Speicherbedarf
1 DIN A4-Seite Schreibmaschinen Text	2 KB
1 Seite Pixelgrafik (24 Bit/Pixel)	50 KB
1 Standbild (640x480 Bildpunkte)	800 KB
1 Minute Stereo Audio (44,1 kHz, 16 Bit)	10 MB
1 Minute Video (640x480 Bildpunkte, 25 Bilder/s)	1318 MB (1,3 GB)

3.1.3 Kompression

Um digitalisierte Multimediadaten auf herkömmlichen Rechnern verwenden zu können, ist es oft sinnvoll und häufig auch notwendig, Kompressionsverfahren einzusetzen. In den letzten Jahren wurden gerade in diesem Bereich große Anstrengungen in Forschung und Entwicklung unternommen und einige neue Verfahren und Standards hervorgebracht.

Grundsätzlich kann man zwei Kategorien von Kodierungsverfahren, wie Kompressionsverfahren auch genannt werden, unterscheiden (vgl. [43] Kapitel 5 Datenkompression):

- Verlustfreie Kompression (*Entropiekodierung*)
- Verlustbehaftete Kompression (*Quellenkodierung*)

Eine weitere Kategorie ist die *Hybride Kodierung*, die aber eigentlich immer „nur" eine Kombination der Quellen- und Entropiekodierung ist.

Entropiekodierung wird auf verschiedenen Medien, ungeachtet deren medienspezifischen Eigenschaften, angewendet. Die zu komprimierenden Daten werden als eine Sequenz digitaler Datenwerte gesehen, deren Bedeutung nicht beachtet wird. Die „Verlustfreiheit" bezieht sich auf den Vergleich der zu kodierenden mit den dekodierten Daten; diese Daten sind identisch, es geht keine Information verloren. Bekannte Verfahren sind Lauflängenkodierung, Huffman-Kodierung oder Arithmetische Kodierung [43].

Die Quellenkodierung verwendet die Semantik der zu kodierenden Information. Diese meistens verlustbehafteten Verfahren sind bezüglich des erreichbaren Kompressionsgrads abhängig von dem jeweiligen Medium. Bei einer „verlustbehafteten Kodierung" werden die zu kodierenden Daten mit den dekodierten Daten in Beziehung gesetzt; diese Daten sind meistens ähnlich, aber nicht gleich. Hier können die Spezifika der Medien gut ausgenutzt werden. Realisiert wird dies durch Prädiktion, Transformation oder Wichtigkeit der Information.

Als Beispiele für hybride Kodierungsverfahren können JPEG, MPEG, H.261 und DVI genannt werden. Eine ausführliche Beschreibung dieser Verfahren findet sich unter anderen in [43] und [40].

Durch geeignete Kompressionsverfahren können für bewegte Bilder in günstigen Fällen Kompressionsraten von bis zu 200:1 erzielt werden. Dies wird z.B. durch Ausnutzung der Redundanz zwischen zwei aufeinanderfolgenden Bildern ermöglicht. Bei Bewegtbildsequenzen sind zwei aufeinanderfolgende Bilder oftmals bis auf wenige Unterschiede gleich, so daß nur diese wenigen Unterschiede kodiert werden müssen.

Um Kodierungsverfahren praktisch einsetzen zu können, sind einige grundlegende Anforderungen wie z.B. Zeitgrenzen zu berücksichtigen. Eine besonders strenge Anforderungsliste hat die Motion Picture Experts Group (MPEG) aufgestellt. Darin werden u.a. folgende Punkte genannt:

- Wahlfreier Zugriff
- Geringe Kodier- und Dekodierverzögerung
- Audio/Video-Synchronisation
- Schnelle Vorwärts/Rückwärts-Bildsuche
- Wiedergabe im Rückwärtslauf
- Editierbarkeit des Bitstroms
- Flexibilität des Bildformats
- geringe Fehlerempfindlichkeit
- Real-Time-Kodierung

Um allen diesen Anforderungen gerecht zu werden, ist ein recht aufwendiges Verfahren notwendig, oftmals genügt es, diese Liste auf die jeweilige Anwendung hin anzupassen. Bei gespeicherten Videodaten werden beispielsweise häufig asymmetrische Komprimierungsverfahren eingesetzt. Dabei wird mit hoher Qualität, jedoch nicht in Echtzeit komprimiert, die Dekompression wird dagegen in Echtzeit durchgeführt.

3.1.4 Anwendungsbereiche

Unterhaltung ist sicher nur eine,
wenn auch eine besonders bunte Blüte,
die der multimediale Baum treibt.

Hilmar Kopper
Vorstandssprecher der Deutschen Bank AG

Wie wir gesehen haben, ist Multimedia eine Kombination vieler verschieder Technologien. Diese Kombination kann in vielfacher Weise in unterschiedlichsten Arten computergestüzter Anwendungen eingesetzt werden. Auch hier ist wieder zu unterscheiden, ob eine Anwendung tatsächlich multimedial im Sinn der in Kapitel 3.1.1 gegebenen Definition ist oder sich nur das Schlagwort Multimedia als Etikett anheftet, um potentielle Käufer anzulocken. Zweifellos haben Anwendungen in vielen Bereichen der Informationstechnologie vom Einsatz multimedialer Technologie profitiert, und täglich kommen neue Anwendungen und Anwendungsbereiche hinzu.

Die *Unterhaltungselektronikindustrie* hat sich als eine der ersten Bereiche Multimedia zu Nutzen gemacht und Audio und Video z.B. in Computerspielen integriert. Dreidimensionale virtuelle Welten mit realen Klängen gehören heute bereits zum Standardumfang eines guten Computerspiels.

In der *Aus- und Weiterbildung* werden immer häufiger Computerprogramme eingesetzt, die die Vorteile von Multimedia, insbesondere durch bessere Lernerfolge beim Einsatz von Audio und Video kombiniert mit Interaktivität, ausnutzen.

Computer Aided Design (CAD) und *Computer Aided Manufacturing* (CAM) sind weitere Bereiche wo Multimedia effizient eingesetzt werden kann, um den Designern mit mehr Realitätsnähe der am Computer entworfenen Objekte eine wertvolle Hilfestellung zu geben.

In der *Wissenschaft* werden multimediale Komponenten z.B. zur Visualisierung komplexer Sachverhalte eingesetzt, die mit herkömmlichen Methoden kaum oder nicht in der Form und Aussagekraft dargestellt werden könnten.

Auch die *Medizin* nutzt zunehmend die Vorteile multimedialer Anwendungen. Digitale Kameras liefern Bilder aus dem Inneren des menschlichen Körpers, die mit Hilfe von speziellen Computerprogrammen analysiert und ausgewertet werden können und dem behandelnden Arzt wertvolle Hilfestellung bei Diagnose oder Operation bieten.

Bei der *Kontrolle betrieblicher Abläufe* in Industriebetrieben können Bewegtbildanalyse oder Geräuschüberwachung wertvolle Rückmeldungen über fehlerhafte Zustände der Systeme liefern. Hiermit können nicht nur Fließbandanlagen sondern auch ganze Industriebetriebe wesentlich effizienter überwacht werden, als dies mit der herkömmlichen analogen Technik oder durch manuelle Überwachung machbar ist.

Ein weiteres wichtiges Feld, das im Rahmen dieses Buches behandelt wird, sind *multimediale Informationssysteme.* Diese können nicht nur in Form von Kioskanwendungen, sondern auch als Informationssysteme am Arbeitsplatzrechner dem Benutzer wertvolle Unterstützung bei der Informationsbeschaffung und Informationsauswertung geben. Neben Anwendungen wie multimediale Enzyklopädien oder multimediale Lexika sind andere betriebsspezifische Informationssysteme } vorstellbar. Ein Versicherungsbetrieb kann beispielsweise Versicherungsfälle in einer multimedialen Datenbank zusammen mit Videosequenzen des jeweiligen Falles abspeichern. Sachbearbeiter haben damit bei der Bearbeitung eines solchen Falles wesentlich mehr und oftmals auch aussagekräftigere Informationen zur Hand, als dies durch reine Analyse der Aktenlage der Fall ist.

In Zukunft wird Multimedia in immer mehr Bereichen zum Einsatz kommen und bald ebenso selbstverständlicher Bestandteil der Anwendungen sein, wie es heute Text und Grafik sind. Die dazu benötigte Spezialhardware ist immer mehr integraler Bestandteil der Rechner, und in wenigen Jahren wird Multimediafähigkeit zur Standardausrüstung zählen.

3.2 Vernetzung und Verteilung

No matter where you go, there you are.

Buckaroo Banzai

Computer werden immer schneller und leistungsstärker und sind in der Lage, immer mehr Aufgaben gleichzeitig und parallel zu bearbeiten. Gleichzeitig werden aber auch die *Rechnernetze*, die die Computer verbinden, immer schneller, zuverlässiger und ermöglichen es, Daten nahezu transparent zu verteilen. Wurden früher Aufgaben von einem zentralen Großrechner bewältigt, auf dem viele Benutzer gearbeitet haben, geht der Trend inzwischen eindeutig weg von zentralisierten hin zu *verteilten Systemen*, bei denen viele kleinere Computer zu einem Verbund zusammengeschlossen werden.

Auch für Kiosksysteme ist die Verteilung von Daten eine interessante Alternative zur lokalen Datenhaltung. Im folgenden wird deshalb eine kurze Einführung in Rechnernetze gegeben, bevor anschließend in Kapitel 3.3 konkret auf die Kombination Multimedia und Verteilung in bezug auf Kiosksysteme eingegangen wird.

3.2.1 Rechnernetze

Bevor wir über Rechnernetze sprechen können, muß zunächst definiert werden, was unter diesem Begriff zu verstehen ist.

Definition:

Als **Rechnernetz**, oder auch **Computer-Netzwerk**, bezeichnet man einzelne, zum Zwecke des Datenaustauschs miteinander verbundene Computer.

Die Ziele von Rechnernetzen können dabei wie folgt dargestellt werden:

- *Datenverbund*
  Damit ist der Zugriff auf entfernte Daten gemeint und zwar möglichst in transparenter Weise, so daß ein Benutzer nicht wissen muß, wo genau im Netz die jeweiligen Daten abgelegt sind.
- *Funktionsverbund*
  Damit wird das Ziel der gemeinsamen Nutzung der vorhandenen Ressourcen (Geräte, Programme) bezeichnet. Man unterscheidet Peer-to-Peer (alle Rechner sind gleichberechtigt) bzw. Client-/Server-Systeme (Server-Systeme stellen Ressourcen für Client-Systeme zur Verfügung).
- *Lastverbund*
  Hiermit ist die gleichmäßige Verteilung der Last auf alle im System angeschlossenen Systeme gemeint.
- *Verfügbarkeitsverbund*
  Fallen einzelne Rechner aus, können deren Aufgaben durch andere Rechner übernommen werden. Damit wird die Zuverlässigkeit und Fehlertoleranz des Gesamtsystems erhöht und ein schrittweises Wachstum ermöglicht.
- *Kosteneinsparung*
  Das Preis/Leistungsverhältnis von Großrechnenanlagen ist dem von kleineren Personal-Computern unterlegen.

Bevor nun aber Daten über Rechnernetze ausgetauscht werden können, müssen bestimmte Regeln und Formate festgelegt werden. Heutige Netzwerke können im Aufbau sehr komplex sein und auch in bezug auf die Hard- und Software aus den unterschiedlichsten Komponenten von möglicherweise verschiedenen Herstellern bestehen (sogenannte heterogene Systeme). Um einen reibungslosen Austausch von Informationen ermöglichen zu können, wurde deshalb eine Reihe von Standards und Protokollen eingeführt, die diesen Austausch regeln. Diese wurden zusätzlich in Form von Schichten (Ebenen) aufgeteilt, um die Komplexität einer einzelnen Schicht zu reduzieren und das Gesamtsystem überschaubar zu halten. In den nächsten beiden Kapiteln werden die beiden wichtigsten Entwicklungen auf diesem Gebiet, das ISO-OSI-Referenzmodell sowie das Internet, vorgestellt.

3.2.2 ISO-OSI Referenzmodell

The nice thing about standards is that
there are so many to choose from.

Andrew S. Tanenbaum

Die International Organization for Standardization (ISO) hat in einem Referenzmodell für offene Systeme (Open Systems Interconnection oder kurz OSI) eine siebenschichtige Architektur vorgeschlagen, die im ISO International Standard 7498 standardisiert wurde. Die Einteilung der einzelnen Schichten erfolgte hierbei nach folgenden Kriterien [44]:

- Eine neue Schicht wird eingeführt, wenn ein neuer Abstraktionsgrad benötigt wird.
- Eine Schicht erfüllt genau eine definierte Funktion, wobei bereits definierte internationale Protokolle beachtet werden sollen.
- Der Informationsfluß zwischen den Schichten soll so gering wie möglich gehalten werden.
- Die Anzahl der Schichten soll so groß gewählt werden, daß unterschiedliche Funktionen auf unterschiedliche Schichten aufgeteilt sind, und so klein, daß die Gesamtarchitektur übersichtlich bleibt.

Die folgende Abbildung zeigt das ISO-OSI Referenzmodell:

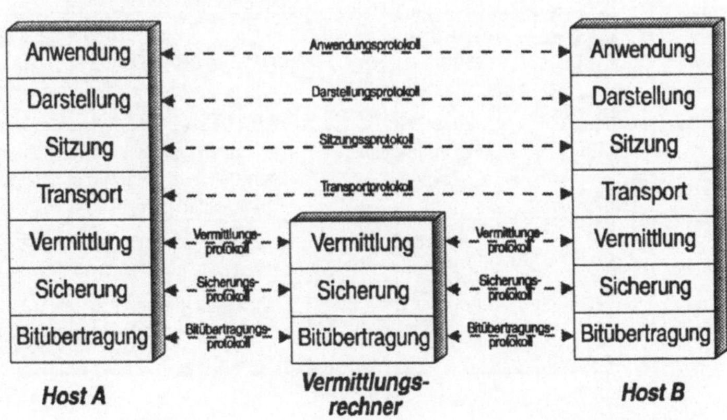

Abbildung 6: Das ISO-OSI Referenzmodell

Die Aufgabe jeder Schicht ist es dabei, der darüberliegenden Schicht gewisse Dienste anzubieten. Diese Dienste setzen sich zusammen aus:

- Dienstleistungen, die innerhalb dieser Schicht erbracht werden, und
- dem kumulativen Resultat der Dienstleistungen aller darunterliegenden Schichten.

Die einzelnen Schichten sind über sogenannte Dienstprimitive (Service Primitives) miteinander verknüpft. Protokolle regeln das Verhalten zwischen Instanzen der gleichen Schicht (Peer Entities), wobei ein Protokoll der Schicht *N+1* Dienste der Schicht *N* benutzt, um den Dienst der Schicht *N+1* zu erbringen [44].

Die Aufgabenverteilung im ISO-OSI Referenzmodell setzt sich wie folgt zusammen:

Tabelle 2: Aufgabenverteilung im ISO-OSI Referenzmodell

Schicht	Bezeichnung	Aufgaben
1	Bitübertragungs-schicht	Definiert die mechanischen, elektrischen und prozeduralen Schnittstellen, sowie die physikalischen Übertragungsmedien
2	Sicherungs-schicht	Sorgt für eine fehlerfrei Übertragung der von Schicht 1 versendeten Rohdaten
3	Vermittlungs-schicht	Beschäftigt sich mit der Steuerung des Subnetz-Betriebs und wählt die Paketleitwege vom Ursprungs- zum Bestimmungsort aus.
4	Transport-schicht	Ermöglicht die transparente Datenübertragung zwischen Kommunikationsendsystemen. Zuverlässige, effiziente Ende-zu-Ende-Kommunikation zwischen Prozessen.
5	Kommunikations-steuerungs-schicht	Ist zuständig für Verbindungsmanagement, Synchronistation und Aktivitätsmanagement. Steuert den Datentransfer im halb- oder vollduplex Modus.
6	Darstellungs-schicht	Ist für die einheitliche Datenrepräsentation in heterogenen Systemen verantwortlich.
7	Anwendungs-schicht	Enthält eine Vielzahl von häufig benötigten Funktionen z.B. für den Dateitransfer oder für virtuelle Terminals.

Netzwerke, die vollständig nach dem ISO-OSI Referenzmodell implementiert sind, gibt es bisher noch selten. Dies liegt nicht nur daran, daß die darin vorgeschlagene Architektur recht aufwendig zu implementieren ist, sondern zum großen Teil auch daran, daß, bevor dieses Modell standardisiert wurde, eine Reihe von verschiedenen Netzwerken bereits weltweit im Einsatz waren, die nicht von einem auf den anderen Tag ersetzt werden könnten. Es bleibt abzuwarten, ob und inwieweit sich das ISO-OSI Referenzmodell langfristig durchsetzten wird, zweifellos liefert es aber einen großen Beitrag zum generellen Verständnis dazu, wie Netzwerke funktionieren, und wird deshalb auch häufig angewendet, um andere Netzwerktechnologien und -architekturen darzustellen.

3.2.3 Internet

There is no reason for any individual
to have a computer in their home.

Ken Olson, President of DEC,
World Future Society Convention, 1977

Ein Grund, warum sich das ISO-OSI-Referenzmodell bislang nicht richtig durchsetzten konnte, liegt in der Tatsache, daß das sogenannte Internet schon seit einigen Jahren existierte, und die im Internet verwendeten Standards und Protokolle bereits weitverbreitet waren. Da das Internet immer noch, und wahrscheinlich mehr denn je, eine wichtige Rolle in der Welt der Netzwerke spielt, wird in diesem Kapitel ein kurzer Überblick über Geschichte, Protokolle und Anwendungen des Internets gegeben. Speziell für verteilte Kiosksysteme ist das sogenannte World-Wide-Web (WWW) von großer Bedeutung, deshalb ist diesem Thema ein eigenes Kapitel am Ende des Buches gewidmet.

Die Geschichte des Internets ist etwa 10 Jahre älter als die des OSI-Modells. Es begann damit, daß die Advanced Research Project Agency (ARPA) 1969[2] ein experimentelles Forschungsnetzwerk entwickelt hat (ARPANET), das zunächst 4 Knotenrechner (Hosts) miteinander verbunden hat, nach und nach aber vergrößert wurde, und bald mehrere hunderttausend Hosts umfaßte. Weitere Projekte, sowohl in den USA als auch in Europa, folgten (z.B. MILNET, MINET) und wurden mit dem ARPANET verbunden [44]. Der Zusammenschluß dieser unterschiedlichen paketorientierten Netze wurde DARPA-Internet[3] genannt und basierte auf den speziell zu diesem Zwecke entwickelten TCP/IP Protokollen (**T**ransmission **C**ontrol **P**rotocol / **I**nternet **P**rotocol). Inzwischen spricht man meist nur noch von „dem Internet", das angesichts der exponentiell gewachsenen (und nach wie vor wachsenden) Zahl an Internet-Benutzern und Internet-Hosts auch nur noch wenig mit dem DARPA-Internet - also dem Ur-Internet - gemeinsam hat.

Abbildung 7: Das Internet aus der Sicht der Benutzer

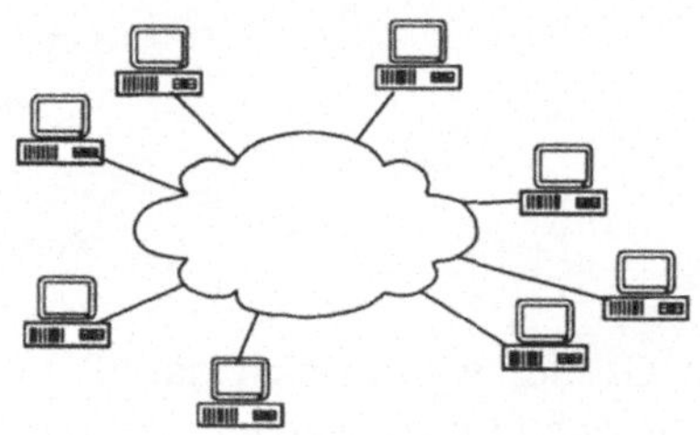

Aus der Sicht der Benutzer ist das heutige Internet ein riesiges Netzwerk mit unzählig vielen mehr oder weniger direkt angeschlossenen Rechnern (vgl. Abbildung 7). Tatsächlich aber ist es ein Zusammenschluß sehr vieler, unterschiedlich großer Netze (vgl. Abbildung 8), die über Querverbindungen weltweit miteinander verknüpft sind. Letzte Hochrechnungen (Stand Juli 1995) sprechen von etwa 40 000 angeschlossenen

2 Zur Orientierung, dies war bereits 13 Jahre vor der Einführung des IBM Personal Computer im Jahre 1982.

3 Die ARPA hatte sich inzwischen in DARPA umbenannt, wobei das „D" für Defense steht.

Netzen mit insgesamt etwa 5 Millionen Hosts weltweit. Die Anzahl der Benutzer wird dabei auf 8-10 pro Host also etwa 50 Millionen geschätzt [30].

Abbildung 8: Das Internet, wie es tatsächlich ist

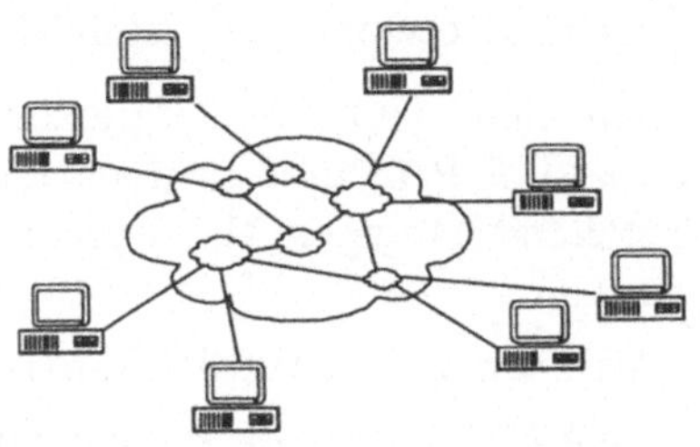

Die bereits erwähnten TCP/IP Protokolle stellen die Basis jeder Kommunikation im Internet dar. TCP, das Transmission Control Protocol, ist ein verbindungsorientiertes, zuverlässiges Transportprotokoll, das im ISO-OSI Model etwa auf Schicht 4 angesiedelt wäre; IP, das Internet Protocol, ist ein verbindungsloses, unzuverlässiges Netzwerkprotokoll, das in etwa der ISO-OSI Schicht 3 entspricht (vgl. Abbildung 9).

Abbildung 9: TCP/IP Protokolle

Schicht						
7, 6, 5	Telnet	FTP	HTTP	SMTP	NFS	...
4	TCP					
3	IP					
2, 1	802.3 (Ethernet)	ISDN	ATM			

Alle im Internet verwendeten Programme und Protokolle höherer Schichten wie beispielsweise FTP (File Transfer Protocol), TELNET (virtuelles Terminal), SMTP (Simple Mail Transfer Protocol), HTTP[4] (Hyper Text Transfer Protocol) oder NFS (Network File System) bauen auf TCP und IP auf.

Neben dem ISO-OSI Referenzmodell und dem Industrie-Standard TCP/IP gibt es noch eine Reihe weitere, zum Teil herstellerabhängigen Netzwerkarchitekturen. Beispiele dafür sind u.a.:

- Advancenet (Hewlet-Packard)
- DNA (DEC Network Architechture)
- Novell Netware
- SNA (IBM System Network Architecture)
- XNS (Xerox Network System)

Diese Liste erhebt keinen Anspruch auf Vollständigkeit und soll nur einen Eindruck vermitteln, wie heterogen die heutige Netzwerklandschaft ist. Details über diese und weitere Architekturen findet man in der zahlreichen Spezialliteratur (z.B. [44] [12]).

3.3 Verteilte multimediale Kiosksysteme

3.3.1 Motivation

Nachdem in den vorangegangen Kapiteln eine Einführung in Multimedia und Verteilung gegeben wurde, wird in diesem Kapitel betrachtet, wie die Kombination dieser beiden Bereiche in Form verteilter multimedialer Kioskanwendungen konkret angewendet werden kann.

Waren die ersten Kioskanwendungen überwiegend lokale Systeme, die Informationen in Form von Texten oder Grafiken angeboten haben, finden sich in jüngster Zeit immer mehr Systeme, die multimediale Elemente verwenden. Auch

---

4 Auf HTTP wird im Rahmen von Kapitel 7 noch näher eingegangen.

die Verteilung der Daten oder auch die Online-Verbindung von Kiosksystemen zu zentralen Serversystemen nimmt zu. Die Motivationsgründe hierfür sind vielfältig und vielschichtig und werden im folgenden differenziert für Multimedia, Verteilung und die Kombination verteilter multimedialer Systeme betrachtet.

- ***Multimedia***: Der Einsatz multimedialer Elemente in Kiosksystemen hilft nicht nur ein System benutzerfreundlicher und attraktiver zu gestalten oder durch Audio- und Videoclips besser auf sich aufmerksam zu machen, sondern es eröffnet auch gänzlich neue Anwendungsbereiche.
  - Komplizierte Sachverhalte können in Form von Videoclips oftmals wesentlich einfacher und besser dargestellt werden als über eine rein text- und grafikbasierte Art und Weise.
  - Ein anschauliches Beispiel sind Bedienungs- Aufbau- oder Reparaturanleitungen, die meist umständlich versuchen zu erklären, was mit wenigen Handgriffen wesentlich einfacher gezeigt und demonstriert werden könnte.
  - Informationen, die nicht nur gelesen, sondern auch gehört und/oder in einem Video gesehen werden, werden im Allgemeinen wesentlich besser von den Informationskonsumenten behalten.
  - Interaktivität in Verbindung mit Multimedia kann diesen Effekt sogar noch verstärken. Hat man etwas „selber gemacht", und sei es nur durch Klicken am Bildschirm, wird es noch einmal besser behalten, als wenn man die Information passiv (wie z.B. im Fernsehen) vermittelt bekommt..
- ***Verteilung***: Verteilte Kiosksysteme bieten gegenüber lokalen Systemen eine Reihe von Vorteilen.
  - Daten können global gehalten und gepflegt werden und sind damit immer aktuell und auf allen Systemen einheitlich.

  - Kiosksysteme können über Rechnernetze hinweg ferngewartet werden. Dies erspart Wege und Zeit im Vergleich zu der Alternative, die Systeme vor Ort warten zu müssen.
  - Die Anbindung an andere Online-Dienste ermöglicht es, Informationen anzubieten, für die es nahezu unmöglich wäre, sie aktuell lokal zu halten.
- ***Verteilte Multimediale Systeme***: Die Kombination von Multimedia und Verteilung ermöglicht weitere interessante Alternativen und Vorteile.
  - Interaktive Audio/Video Konferenzsysteme können eingebunden werden und erlauben den Benutzern, online Kontakt z.B. zu einer Beraterin aufbauen zu können.
  - Über Video on Demand Server können aktuelle Videos und Filme auf ein Kiosksystem geladen und dort abgespielt werden. Durch die Verteilung kann eine wesentlich breitere Palette angeboten werden, da die speicherplatzintensiven Videos nicht auf der lokalen Festplatte gehalten werden müssen.
  - Über Videoeinspielungen entfernter Kameras können den Benutzern aktuelle Informationen und Bilder vermittelt werden.

Diese Aufstellung erhebt keinen Anspruch auf Vollständigkeit und ließe sich noch erweitern, sie zeigt aber, welches Potential in verteilten multimedialen Kioskanwendungen prinzipiell steckt. Das nächste Kapitel wird einige konkrete Einsatzgebiete für diese Systeme aufzeigen, um die bisher nur theoretisch formulierten Vorteile zu konkretisieren.

3.3.2 Anwendungsmöglichkeiten

Im Laufe der theoretischen Betrachtungen wurden bereits einige Einsatzgebiete von Kiosksystemen vorgestellt. An dieser Stelle sollen nun explizit Anwendungsmöglichkeiten für verteilte multimediale Kiosksysteme aufgezeigt und erläutert werden.

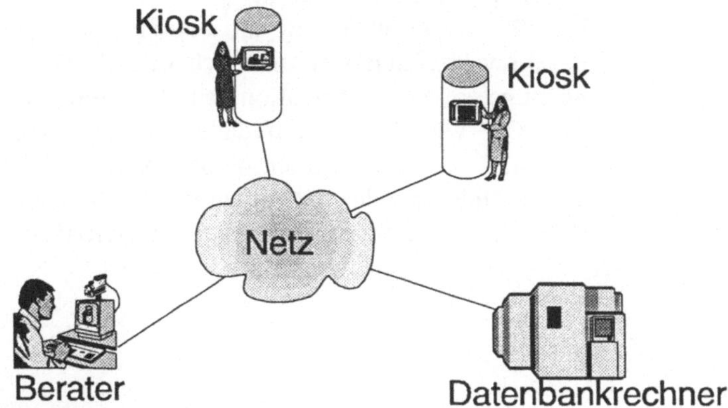

Abb'ldung 10: Verteiltes Kioskszenario

In Abbildung 10 ist ein Szenario einer verteilten multimedialen Kioskanwendung dargestellt, in dem zwei multimediale Kiosksysteme, ein multimedialer Beraterplatz und ein Datenbanksystem an ein gemeinsames Netzwerk angeschlossen sind. In diesem Szenario können Kioskbenutzer textuelle Informationen sowie Audio/Videodaten von dem entfernten Datenbankrechner abrufen und lokal am Kiosk angezeigt bekommen.

Sollten währenddessen Fragen aufkommen, die sich über die integrierte Hilfefunktion nicht beantworten lassen, kann eine live Video-Konferenzschaltung zwischen Kiosksystem und Beraterplatz geschaltet werden. Die Kioskbenutzerin kann den Berater in einem Videofenster sehen und direkt Fragen an ihn richten. Der Berater wiederum kann die Kioskbenutzerin auf seinem Bildschirm sehen und interaktiv in den Ablauf der Kioskanwendung vor Ort von seinem Arbeitsplatz aus eingreifen.

Die Anwendungsmöglichkeiten verteilter multimedialer Kiosksysteme sind weit gestreut und werden im Laufe der Zeit durch die Bedürfnisse der Anwender bestimmt werden. Wie bei jeder neuen technologischen Entwicklung ist es im Vorfeld oftmals nicht abzusehen, in welche Richtung sich diese bewegen wird. Bei der Erfindung des Telefons sollen einige Leute gesagt haben: „Wozu braucht man das überhaupt?"; die Entwicklung hat jedoch gezeigt, daß genügend Bedarf vorhanden war und sich das Telefon zu einem der wichtigsten Kommunikationsmittel unserer Zeit entwickelt hat. Ob verteilte multimediale Kiosksysteme ebensolches Potential besitzen, ist noch nicht abzusehen. Der Einsatz z.B. als Bildtelefonzelle mit integriertem digitalem Audio und Video ist heute bereits technisch realisierbar.

4 Design von Kioskoberflächen

When I was four years old, a button was the little plastic knob mounted in the brass next to the front door. When I pushed it, a muffled ring worked its way through the house from the kitchen. Sometimes I would push the button a lot and somebody would always come to the door. As an adult, I'm still pushing buttons to make things happen.

Ann Stewart, Independent Multimedia Producer
Nashville, TN [45]

Benutzerschnittstellen sind anders als andere Computerwerkzeuge. Werkzeuge wie z.B. Compiler, Linker oder Betriebssysteme stellen Mechanismen zur Interaktion zwischen Computerprozessen bereit. Computerprozesse setzen im Allgemeinen eine fehlerfreie Umgebung voraus, haben ein vorhersehbares Verhalten und eine eingeschränkte Menge von Befehlen [39].

Im Gegensatz dazu stellen Benutzerschnittstellen Mechanismen zur Interaktion zwischen Mensch und Maschine bereit. Menschen sind von Natur aus eher unberechenbar in ihrem Verhalten und haben oft explosionsartig ansteigende Bedürfnisse [39]. Deshalb läßt sich nur schwer vorhersagen, wie ein Benutzer mit einem Computer interagiert und was für einen konkreten Benutzer die für ihn am besten geeignete Benutzerschnittstelle ist.

Einige allgemeine Aspekte über Ergonomie und Design von Benutzerschnittstellen sind jedoch grundlegender Art und sollen im folgenden Kapitel aufgezeigt werden. Anschließend wird in Kapitel 4.2 näher auf spezielle Aspekte multimedialer Benutzerschnittstellen eingegangen, um in Kapitel 4.3 einige zusammenfassende Kriterien für das Design von Benutzerschnittstellen für multimediale Kioskanwendungen aufstellen zu können.

4.1 Ergonomie und Design von Benutzerschnittstellen

Versteht man unter dem Sammelbegriff „Maschine" technisches Gerät der unterschiedlichsten Art, so wirken bei einem Mensch-Maschine-System der Mensch und die Maschine mit dem Ziel zusammen, eine selbstgewählte oder vorgegebene Aufgabe zu lösen [14]. Dabei hängt die Qualität der Ergebnisse entscheidend davon ab, wie gut, also wie benutzerfreundlich und ergonomisch die Schnittstelle zwischen Mensch und Maschine realisiert ist. Ergonomie bezieht sich hierbei auf Software-Ergonomie als dem Teilbereich der Ergonomie, der sich mit der menschgerechten Gestaltung von Benutzerschnittstellen befaßt. Allgemein bedeutet Ergonomie die „Lehre von Leistungsmöglichkeiten und -grenzen des arbeitenden Menschen sowie der besten wechselseitigen Anpassung zwischen dem Menschen und seinen Arbeitsbedingungen" [20].

Der Gestaltung von Benutzerschnittstellen wurde lange Zeit keine große Beachtung geschenkt, ging es doch zunächst hauptsächlich um die Funktionalität der Programme. Computer waren von Computerfachleuten für Computerfachleute gebaut worden. Den ersten Rechnern mußten Befehle noch per Schalterstellung später per Lochkarten eingegeben werden. Die einzige Möglichkeit der Ausgabe war Papier. Bildschirm und Tastatur kamen hinzu und vereinfachten die Interaktion. Dennoch blieb Text das einzige Medium, mit dem der Mensch mit dem Computer kommunizierte.

Textmenüs waren ein weiterer Fortschritt, um die Interaktion zwischen Mensch und Computer benutzerfreundlicher zu gestalten, trotzdem war dies noch immer keine zufriedenstellende und natürliche Art der Ein- und Ausgabe. Zwar verhalfen graphische Benutzeroberflächen, die durch immer leistungsfähigere Rechner und Peripheriegeräte wie hochauflösende Grafikkarten und Monitore erst möglich wurden, dazu, daß die Mensch-Maschine Kommunikation wesentlich vereinfacht und zum Teil auch standardisiert wurde, eine effektive und natürliche Art ist es jedoch immer noch nicht.

Natürlichsprachliche Ein- und Ausgabe wäre häufig eine wesentlich effektivere Möglichkeit der Kommunikation mit dem Computer, auch die Darstellung von bestimmten Sachverhalten mittels Bewegtbildern wäre oftmals einfacher als die Beschreibung mittels Text und Grafik. Bis sich diese Formen der Ein- und Ausgabe jedoch endgültig durchsetzen werden, sind noch einige Anstrengungen in Forschung und Entwicklung notwendig.

4.1.1 Mensch-Maschine-Kommunikation

Für das Design ergonomischer Benutzerschnittstellen ist es zunächst wichtig, sich darüber Gedanken zu machen, wie technische Systeme an den Menschen angepaßt werden können. Im Zusammenhang mit der Mensch-Computer-Kommunikation interessieren dabei seine sensorischen, kognitiven und motorischen Eigenschaften [14].

Abbildung 11: Aufmerksamkeitsverteilung

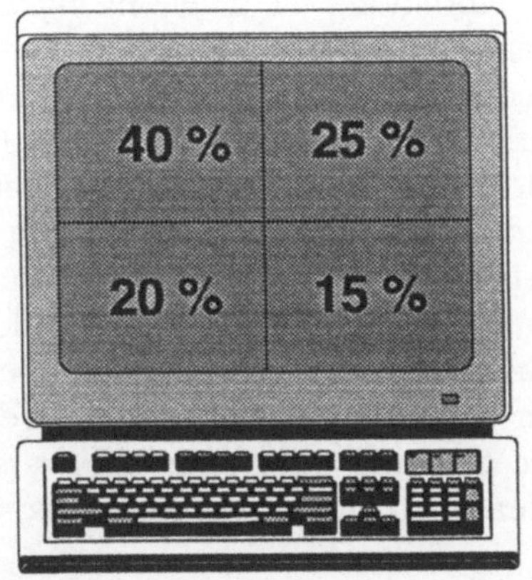

Der Mensch nimmt über seine Sinnesorgane wie Ohren, Augen oder die Haut Reize aus der Umwelt auf, verarbeitet diese und gibt Reaktionen über seine motorischen Organe an die Umgebung ab. Die Qualität der wahrgenommenen Daten ist schwer bis gar nicht zu messen, allenfalls die Quantität dieser Daten ist bekannt. Die Informationsmenge, die auf die Sinnesorgane eintrifft, wird zur bewußten Informationsverarbeitung im Verhältnis 1:10 bis 1:100 Millionen eingeschränkt. Diese Beschränkungen beziehen sich sowohl auf die Wahrnehmung, als auch auf das Behalten. Im Verhältnis zur gesamten einfließenden Informationsmenge von etwa 10^9 Baud (Bit pro Sekunde) durchlaufen nur etwa 100 Baud das Bewußtsein, wobei unbewußt gespeicherte Informationen den Hauptteil ausmachen.

Bei der Wahrnehmung von Umweltreizen durch das sensorische System wird durch selektive Verarbeitung eine Verringerung der angebotenen Informationsmenge vorgenommen.

Dieser Punkt ist für das ergonomische Design von Benutzerschnittstellen besonders wichtig, da die Ausgaben des Computers so gestaltet werden sollten, daß die Gesetzmäßigkeiten des menschlichen Wahrnehmungsprozesses beachtet werden. Beim Betrachten eines Bildschirms kann beispielsweise eine unterschiedliche Aufmerksamkeitsverteilung, wie sie Abbildung 11 zeigt, nachgewiesen werden. Diese Aufmerksamkeitsverteilung kann für vielfältige Zwecke genutzt werden. Eine Eingabemaske kann z.B. so gestaltet werden, daß wichtige Eingabefelder eher im oberen Bildschirmbereich, unwichtige eher im unteren Bereich angesiedelt werden. Durch eigene Beobachtung habe ich bestätigend feststellen können, daß bei flexiblen Fensteroberflächen die Benutzer häufig das Fenster mit oder in dem sie gerade arbeiten, oder das sie hauptsächlich benutzen, in den linken oberen Bildschirmbereich verschieben. Eher unwichtige Dinge wie Symbole oder eine Uhr werden dagegen häufig rechts oder unten am Bildschirm positioniert.

4.1.2 Gestaltungsgesetze

Auch die Darstellung von Informationen ist für das Design von Benutzeroberflächen von Bedeutung. Die Ergebnisse der Gestaltungstheorie haben sich hierbei als besonders hilfreich erwiesen, einige grundlegende Gestaltungsgesetze sollen deshalb im folgenden vorgestellt werden.

Nach dem ***Gesetz der Geschlossenheit*** werden nicht vorhandene Teile einer erkannten Figur in der Wahrnehmung ergänzt. In Abbildung 12 erkennt man auf dem linken Teil zunächst nur drei geknickte Striche, auf dem rechten Teil (gleiches Muster um 90° gedreht), wird eine Figur, der Buchstabe „E", erkannt und die fehlenden Striche in der Wahrnehmung ergänzt.

Abbildung 12: Gesetz der Geschlossenheit

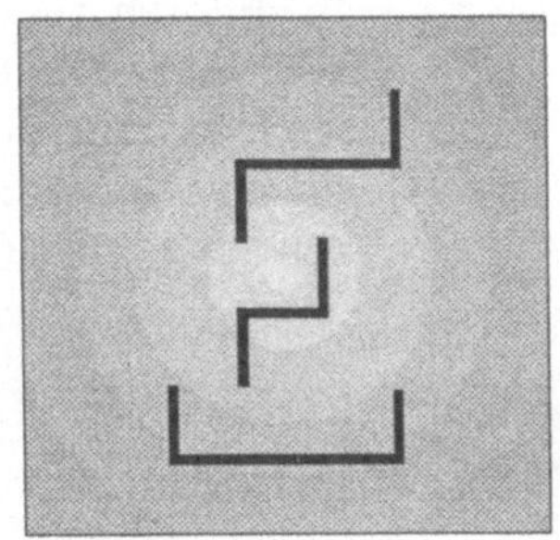

Das ***Gesetz der Nähe*** besagt, daß Elemente in raumzeitlicher Nähe als zusammengehörig erlebt werden. In Abbildung 13 sieht man nicht „6 Flecken", sondern „2 mal 3 Flecken". Andere Gliederungen z.B. in drei Paare zu jeweils 2 Flecken kosten Mühe und zerfallen sofort wieder, wenn man mit der Fokussierung nachläßt.

Abbildung 13: Gesetz der Nähe

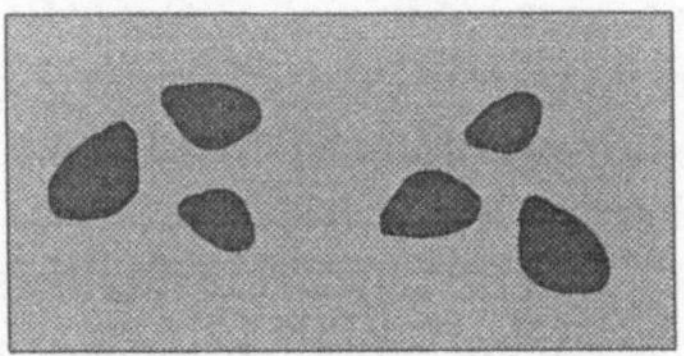

Auch Wörter in Texten werden, wie das folgende einfache Beispiel zeigt, nach diesem Gesetz erkannt:

```
Bei fal sche rtrennungi stderte
xtn urno chschw erzuve rst ehen.
```

In Bildschirmmasken ist das Gesetz der Nähe besonders wichtig, inhaltlich zusammengehörende Textausgaben sollten auch in räumlicher Nähe angeordnet werden. Ein Beispiel einer Bildschirmmaske aus der Prozessleittechnik veranschaulicht dies (vgl. [14]).

Abbildung 14: Gestaltung von Bildschirmmasken

Grenzwerte	Parameter
Alarm = 30	KP = 2
Warn = 29	TN = 2,5 min
OG = 28	TV = 0,3 min
Alarm = 25	
	A = 0,3 %
Warn = 20	
	Begrenzung
UG = 15	
	Ende = 85 %
HYST = 1	
	Anfang = 32 %

Ursprüngliche Form

Grenzwerte	Parameter
Alarm = 30 Warn = 29 OG = 28	KP = 2 TN = 2,5 min TV = 0,3 min
	A = 0,3 %
Alarm = 25 Warn = 20 UG = 15	Begrenzung Ende = 85 % Anfang = 32 %
HYST = 1	

Umgestaltete Form

Das ***Gesetz der guten Gestalt*** ist im Prinzip die übergeordnete Form der beiden zuvor genannten Gesetze. Es verweist auf die Ordnungsliebe der Sinne. Wenn die Reizverteilung eine Gliederung in einfache, „ordentlich", nach einer einheitlichen Regel aufgebaute Teil-Gestalten zuläßt, so setzten sich diese „guten" oder „ausgezeichneten" Gestalten durch [32]. Auf der linken Seite der Abbildung 15 sieht man ein Kreuz und ein Sechseck und nicht etwa die Figuren, die auf der rechten Seite abgebildet sind. Unser Auge ist dafür, und für alle anderen möglichen offenen Zickzacklinien und Gabeln, die man aus der linken Seite bilden könnte, zu „ordnungsliebend".

Abbildung 15: Gesetz der guten Gestalt

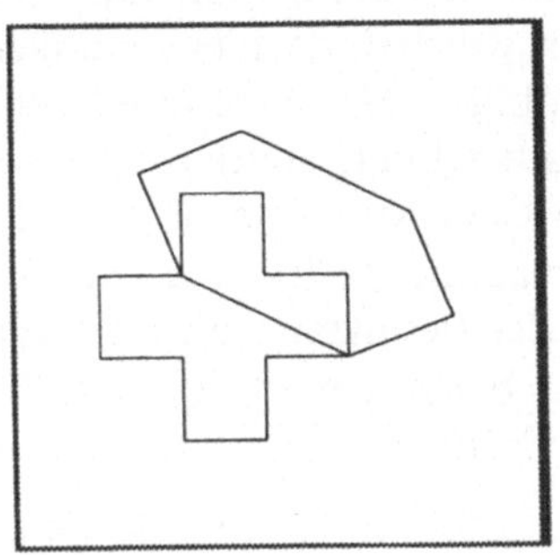

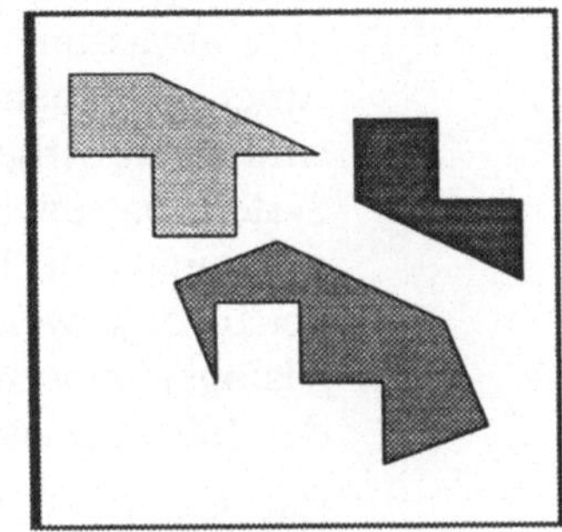

4.1.3 Dialoggestaltung

Nach DIN-Norm 66 234/8 „Bildschirmarbeitsplätze" sind folgende Grundsätze der ergonomischen Dialoggestaltung zu beachten:

- Aufgabenangemessenheit
- Selbstbeschreibungsfähigkeit
- Steuerbarkeit
- Erwartungskonformität
- Fehlerrobustheit

Die einzelnen Forderungen sind von den Bedürfnissen des Menschen ausgehende praktische Designkriterien. Sie dienen dazu, differenzierte Aspekte zu mehr Benutzerfreundlichkeit herauszufinden, zu konkretisieren und schließlich zu realisieren [28].

Besonders bei der Dialoggestaltung von Kioskanwendungen, bei denen die potentiellen Anwender meist wenig Erfahrung im Umgang mit Bildschirmdialogen haben, sind diese Anregungen wichtige Orientierungshilfen.

Zur Aufgabenangemessenheit heißt es in der DIN-Norm [10]:

„Ein Dialog ist aufgabenangemessen, wenn er die Erledigung der Arbeitsaufgabe des Benutzers unterstützt, ohne ihn durch Eigenschaften des Dialogsystems unnötig zu belasten."

Übertragen auf ein Kiosksystem, muß die Formulierung sicher etwas umgestellt werden, da hier im allgemeinen keine Arbeitsaufgaben im obigen Sinne zu erledigen sind. Kioske sind keine Arbeitsplatzrechner, sondern die Arbeit mit dem System hat eher den Charakter einer mehr oder minder ungezwungenen Informationsbeschaffung. Dennoch gilt hier genauso, je weniger der Benutzer mit den Eigenschaften des Dialogsystems an sich belastet wird, desto mehr wird er sich den Inhalten widmen können.

Das Kriterium der Selbstbeschreibungsfähigkeit wird in der DIN-Norm wie folgt beschrieben [10]:

„Ein Dialog ist selbstbeschreibungsfähig, wenn dem Benutzer auf Verlangen Einsatzzweck sowie Leistungsumfang des Dialogsystems erläutert werden können und wenn jeder einzelne Dialogschritt unmittelbar verständlich ist oder der Benutzer auf Verlangen über den jeweiligen Dialogschritt entsprechende Erläuterungen erhalten kann.“

Dies setzt voraus, daß eine Übersicht über alle Funktionen und Möglichkeiten, die dem Benutzer zur Verfügung stehen, abrufbar sein müssen. Als Erläuterungen können dem Benutzer Beispiele angeboten werden.

Besonders wichtig im Hinblick auf Kiosksysteme ist die Forderung: Die Erklärungen müssen „an die allgemein üblichen Kenntnisse der zu erwartenden Benutzer angepaßt sein“ [10].

Die Steuerbarkeit wird in der DIN-Norm folgendermaßen beschrieben [10]:

„Ein Dialog ist steuerbar, wenn der Benutzer die Geschwindigkeit des Ablaufs sowie die Auswahl und Reihenfolge von Arbeitsmitteln oder Art und Umfang von Ein- und Ausgaben beeinflussen kann: Der Benutzer soll die Geschwindigkeit des Dialogs an seine individuelle Arbeitsgeschwindigkeit anpassen können.“ ... „Der Benutzer soll den Dialog jederzeit unterbrechen können, soweit es die Arbeitsaufgabe zuläßt.“

Dieser Punkt ist besonders bei in Kiosksystemen häufig auftretenden, selbst ablaufenden Animationen von großer Bedeutung. Hat ein Benutzer keine Möglichkeit, die Geschwindigkeit individuell zu beeinflussen, und läuft eine Animation seinem Empfinden nach zu langsam oder zu schnell, wird die Aufmerksamkeit dadurch negativ beeinflußt.

Eine zufriedenstellende Lösung ist es sicherlich, Dialogseiten eher etwas länger stehen zu lassen, dem Benutzer jedoch die Möglichkeit zu geben, frühzeitig weiterblättern zu können.

Zu dem Kriterium Erwartungskonformität äußert sich die DIN-Norm so [10]:

„Ein Dialog ist erwartungskonform, wenn er den Erwartungen der Benutzer entspricht, die sie aus Erfahrungen mit bisherigen Arbeitsabläufen oder aus der Benutzerschulung mitbringen."

Bei Benutzern von Kioskanwendungen kann nicht unbedingt eine Schulung und oftmals auch keine oder nur wenig Erfahrung aus bisherigen Arbeitsabläufen, will heißen bisherigen Kontakten mit Kiosksystemen, vorausgesetzt werden. Um so wichtiger ist es, die Erwartungen eines in dem Bereich ungeübten Anwenders zu kennen und zu beachten.

Der letzte Punkt, Fehlerrobustheit, spielt im Zusammenhang mit Kioskanwendungen sicherlich eine große Rolle. Ist es hier doch oftmals so, daß die Benutzer solcher Anwendungen durch fehlende Erfahrung häufiger Fehleingaben provozieren als z.B. erfahrene Anwender von Standardsoftware. In der DIN-Norm wird zu diesem Punkt folgendes bemerkt [10]:

„Ein Dialog ist fehlerrobust, wenn trotz erkennbar falscher Eingaben das beabsichtigte Arbeitsergebnis ohne oder mit minimalem Korrekturaufwand erreicht wird. Dazu müssen dem Benutzer die Fehler zum Zwecke der Behebung verständlich gemacht werden."

Die Fehlermeldungen sind verständlich, sachlich und konstruktiv zu formulieren und dürfen keine Werturteile wie z.B. „Unsinnige Eingabe !" enthalten.

Zudem sollte ein Dialogsystem dem Benutzer stets auf drei wichtige Fragen Antwort geben können [28]:

- „Wo bin ich?"
- „Was ist jetzt möglich?" und
- „Wie kann ich das machen, was ich will?"

Bei etwaigen Eingabefehlern und Ausgabe der entsprechenden Meldung darf das System nicht sofort die Arbeit einstellen. Der Benutzer muß die Möglichkeit haben, seine Arbeit sinnvoll fortsetzen zu können. In der DIN-Norm heißt es deshalb [10]:

„Eingaben des Benutzers dürfen nicht zu undefinierten Systemzuständen oder zu Systemzusammenbrüchen führen."

4.1.4 Interaktionstechniken

Ein Softwareprodukt ist nur so gut, wie seine Benutzer damit umgehen können. Die Benutzerschnittstelle eines Systems ist nicht nur entscheidend dafür verantwortlich, wie effizient ein Produkt eingesetzt werden kann, man kann sie auch als „Visitenkarte des Systems" bezeichnen [28].

Nicht zuletzt deshalb sind heute bereits häufig über 50% des Aufwands zur Implementierung von Softwareprodukten den Benutzerschnittstellen zuzurechnen. Bei der Gestaltung dieser Schnittstellen werden Interaktionstechniken verwendet, die die Art der Kommunikation von Mensch und Computer bestimmen. Systematisiert man die bestehenden Interaktionstechniken, so stößt man auf drei Grundformen:

- Benutzergeführte Interaktionstechnik
- Systemgeführte Interaktionstechnik
- Technik der direkten Manipulation

Bei den benutzergeführten Interaktionstechniken meldet das System nur seine Bereitschaft zur Eingabe. Es gibt aber keinen Hinweis auf die momentan möglichen oder zulässigen Funktionen. Die Interaktion ist wenig vorstrukturiert; der Benutzer muß aktiv seine Kommandos formulieren [19]. Beispiele sind das Prompting von Unix, OS/2 oder DOS.

Bei der systemgeführten Interaktionstechnik wird der Benutzer Schritt für Schritt durch Hinweise und Hilfestellungen zur - von ihm gewünschten - Operation hingeführt. Je nach Realisierung verfügt der Benutzer dabei über mehr oder weniger Auswahlmöglichkeiten oder Eingabealternativen [19].

Weder die benutzergeführte, noch die systemgeführte Interaktionstechnik ist aufgrund der erforderlichen Systemkenntnisse und ihrer unattraktiven Benutzerschnittstelle für Kioskanwendungen relevant.

Eingesetzt werden in solchen Anwendungen deshalb Formen der „Technik der direkten Manipulation". Bei dieser Technik werden komplexe Kommandos durch einfach physische Selektionsmechanismen ersetzt. Anstatt z.B. das Kommando „weiter" eingeben zu müssen, drückt der Benutzer auf einen „Button" mit einem Pfeil nach rechts. Dies führt zu einer guten Erlernbarkeit, hat eine höhere Akzeptanz als kryptische Befehle und verhindert Syntaxfehler. Der Zustand des Systems wird permanent angezeigt, so daß der Benutzer darüber zu jeder Zeit exakte Information besitzt und sich leichter zurechtfinden kann.

Als Eingabegeräte zur Realisierung der Technik der direkten Manipulation können neben der Tastatur auch die Maus, der Touch-Screen oder in Zukunft vielleicht auch Mikrofone zur Spracheingabe eingesetzt werden. Da bei Kiosksystemen häufig keine oder nur reduzierte Spezialtastaturen eingesetzt werden, sind diese moderneren Formen der Eingabe im Prinzip Voraussetzung für eine ergonomische Bedienung einer Kioskanwendung.

4.1.5 Antwortzeitverhalten

Unter dem Stichwort „Antwortzeitverhalten" soll auf einen weiteren wichtigen Punkt bei der Entwicklung von interaktiven Anwendungen eingegangen werden: die Anpassung von Ausgaben des Systems an die vom Benutzer erwartete Verzögerung, also „die Zeitspanne, die vergeht zwischen dem Absetzen eines Befehls bzw. einer Abfrage und dem Antreffen der Antwort des Systems auf dem Bildschirm" [20].

Sowohl zu kurze als auch zu lange Antwortzeiten können den Dialogablauf zwischen Mensch und Computer stören.

Bei zu kurzen Antwortzeiten hat der Benutzer oftmals noch nicht wieder die Kontrolle über die vollzogene Handlung, so daß es zur Entstehung von Streßsituationen kommen kann, oder die Ergebnisse werden als unglaubhaft - weil in dieser Zeit nicht nachvollziehbar - abgelehnt.

Bei zu langen Antwortzeiten wird die Aufmerksamkeit des Benutzers vom System abgelenkt, und der Gedankenfluß ständig unterbrochen. Sofern die Rechnerkapazität (Hardware) es zuläßt, sollten folgende Antwortzeiten als Richtlinie eingehalten werden [20]:

Tabelle 3: Antwortzeitverhalten

Tätigkeit	Definition der Antwortzeit (Zeit zwischen ...)	Annehmbares Maximum
Eingabe im System	Tastenbetätigung und Antwort	0,1 Sek.
Eingabe im System	Tastenbetätigung und Erscheinen des Merkmals	0,2 Sek.
Eröffnung des Dialogs (Aufruf des Systems)	Anfrageende und Antwort	3,0 Sek.
Verwendung einer Benutzererkennungskarte (Smartcard)	Einlegen der Karte und Antwort	2,0 Sek.
Einfache Anfragen	Anfrageende und Antwort	2,0 Sek.
Komplexe Anfragen	Anfrageende und Antwortanfang	5,0 Sek.
Seiten blättern	Anfrageende und die ersten sichtbaren Zeilen	1,0 Sek.
Querlesen einer Seite	Anfrageende und Fortschreiben des Textes	0,5 Sek.
Funktion auswählen	Funktionsauswahl und Antwort	2,0 Sek.
Zeigen (Markieren)	Eingabe des Markierpunktes und Erscheinen des Punktes	0,2 Sek.
Manipulative graphische Darstellung	Anfrageende und Antwortanfang	2,0 Sek.
Komplexe manipulative graphische Darstellung	Anfrageende und Antwortanfang	10,0 Sek.
Eingabe durch Lichtstift	Betätigung des Lichtstifts und Antwort	1,0 Sek.

Sind die Antwortzeiten sehr kurz, ist es je nach Anwendung teilweise sinnvoll, diese sozusagen „künstlich“ zu verlängern, indem man Verzögerungen in das System einbaut.

Bei Kiosksystemen ist es häufig der Fall, daß komplexe Grafiken oder Bilder aufgebaut werden müssen. Reagiert das System in einem solchen Fall nicht in einer annehmbaren Zeitspanne, geht oft der Zusammenhang zwischen Auslösen der Funktion und Anzeige der Antwort verloren. Benutzer neigen dann dazu, die Funktion wieder und wieder zu betätigen, was jedoch zu einer zusätzlichen Belastung des Systems und einer noch späteren Antwort führt. Sind in der Wartezeit zudem verschiedene Funktionen ausgewählt worden, da der Benutzer davon ausging, daß die zunächst gewählte Funktion nicht funktionierte, kommt es zu teilweise nicht mehr nachvollziehbaren Aktionen.

Um solche Situationen zu vermeiden, ist es sinnvoll, den Benutzer über eine längere Wartezeit mit einer entsprechenden Meldung zu informieren.

4.2 Multimedia-Benutzerschnittstellen

Put it before them briefly so they will read it,
clearly so they will appreciate it,
picturesly so they will remember it and,
above all, accurately so they will be guided by it light.

Joseph Pulitzer

Nachdem im vorhergehenden Kapitel ganz allgemein auf das Design von Benutzerschnittstellen eingegangen wurde, soll in den nun folgenden Kapiteln speziell auf das Design multimedialer Benutzerschnittstellen eingegangen werden.

Die Motivation für den zunehmenden Einsatz von multimedialen Elementen in heutigen Anwendungsprogrammen kann durch folgende Punkte begründet werden:

- Multimedia erweitert das Informationsspektrum und die Ausdrucksfähigkeit heutiger Anwendungssoftware.
- Der Informationsgehalt von multimedialen Elementen ist höher (dichter).
- Die Geschwindigkeit der Informationsaufnahme kann, unterstützt durch Audio und Video, gesteigert werden.
- Die Kommunikation zwischen Computer und Mensch ist, durch Nutzung mehrerer Sinneskanäle gleichzeitig, effizienter.
- Die Akzeptanz beim Benutzer ist durch die Integration vertrauter Medien wie Audio und Video höher.

Welchen Einfluß aber hat die Integration von multimedialen Daten auf das Design von Benutzerschnittstellen? Der folgende Abschnitt wird versuchen, diesen Aspekt zu beleuchten.

4.2.1 Einflüsse von Multimedia

Betrachtet man Techniken zum Design von Benutzerschnittstellen, die ausschließlich diskrete Medien zur Darstellung von Informationen verwenden, so ergeben sich hinsichtlich einer Integration kontinuierlicher Medien eine Reihe neuer Aspekte und Probleme, die es zu berücksichtigen gilt.

Unterscheidet man zunächst zwischen Hypertext-Dokumenten, die ausschließlich diskrete Medien beinhalten, und Hypermedia-Dokumenten, die zusätzlich kontinuierliche Medien beinhalten, so kann man folgende Merkmale feststellen:

Tabelle 4: Vergleich von Hypertext und Hypermedia

Hypertext-Dokumente	Hypermedia-Dokumente
Beinhalten ausschließlich diskrete Medien.	Beinhalten diskrete und kontinuierliche Medien.
Dokumente basieren auf gerichteten Graphen mit Knoten und Verbindungen (Links).	Hypermedia-Systeme müssen gleichzeitig zeitabhängige Daten ausgeben und Auswahlmöglichkeiten für den Benutzer anbieten können.
Knoten repräsentieren Daten (Text, Grafik, ...), Links repräsentieren semantische Beziehungen zwischen den Daten.	Ein Hypermedia-System befindet sich in einem ständigen Abfrage-Anzeige-Zyklus.
Die Information, die ein Knoten enthält, kann auf einmal und zusammen mit den Namen der Links am Bildschirm dargestellt werden.	Durch die sich ständig ändernden Kontextbezüge, muß die Benutzersteuerung einfach, konsistent und intuitiv zu bedienen sein.
Der Informationsfluß ist nur durch die Möglichkeiten des Benutzers im System zu browsen und zu navigieren begrenzt.	Der Benutzer kann nicht nur steuern, welche Informationen ausgegeben werden, sondern auch wann und wie.

Welche Einflüsse haben nun aber die Merkmale von Hypermedia-Systemen oder allgemein, welche Einflüsse hat Multimedia auf das Design von Benutzerschnittstellen?

In [31] werden folgende Richtlinien für das „Multimedia Interface Design" gegeben:

- Die Form der Präsentation sollte bestimmt werden durch:
  - das Verständnis dafür, was ein Benutzer, beeinflußt durch sein natürliches mentales Modell, erwartet. Wenn eine graphische Darstellung eines Sachverhaltes erwartet wird, sollte dieser auch graphisch präsentiert werden, wird eine verbale Präsentation erwartet, sollte die Präsentation verbal sein, usw.
  - die I/O-Modalitäten; d.h. abgesehen von der Notwendigkeit einen Parameter am Bildschirm zu beeinflussen, sollte eine Präsentation nicht so aufgebaut sein, daß der Benutzer immer eine Antwort geben muß.
  - das, was der Benutzer mit der Information tun soll. Soll der Benutzer beispielsweise etwas in Erinnerung behalten, so sind oftmals zwischen einer Informa-

tionspräsentation und der nächsten Pausen einzuhalten, damit der Benutzer die Chance hat, die Dinge zu verarbeiten und zu behalten.

- Wenn zwei oder mehr Aufgaben die gleiche Art mentaler Verarbeitung (z.B. verbal oder visuell) verlangen, sollten sie nicht gleichzeitig angewendet werden.
- In Situationen der Informationsüberladung (Information Overload) wird die Aufmerksamkeit eines Benutzers oftmals eingeschränkt. Durch eine Änderung der Präsentationsmodalitäten bleibt die Aufmerksamkeit der Benutzer eher aufrechterhalten. Multimedia kann z.B. in Situationen, in denen die Aufmerksamkeit des Benutzers leicht abgelenkt werden könnte, zum Einsatz kommen.

4.2.2 Anwendungssteuerung

Wie die folgenden Ausführungen zeigen werden, sind neue Möglichkeiten zur Anwendungssteuerung - vor allem für Multimediaanwendungen - von großem Nutzen. Waren bislang die hauptsächlich verwendeten Eingabegeräte Tastatur und Maus und die Ausgabegeräte Bildschirm und Drucker, so kommen nicht zuletzt durch die Integration von Multimedia und die dadurch hervorgerufenen Bedürfnisse immer häufiger neue Arten von Ein- und Ausgabegeräten zur Steuerung der Anwendungen zum Einsatz.

Brenda Laurel unterscheidet in [26] zwei Arten von Erlebnissen, die beim Benutzer durch die Kommunikation mit dem Computer hervorgerufen werden können:

- **First Person Experience**, d.h. der Benutzer hat das Gefühl, unmittelbar eine Handlung auszulösen oder auszuführen.

  Beispiel: Beim Betätigen eines Buttons auf einem Touch-Screen hat der Benutzer das Gefühl, den Button direkt und selbst gedrückt zu haben.

- **Second Person Experience**, d.h. der Benutzer hat das Gefühl, daß durch seine Handlung mittelbar eine Aktion ausgelöst oder ausgeführt wird.

  Beispiel: Beim Betätigen eines Buttons mit einer Maus hat der Benutzer das Gefühl, daß über das Klicken der Maustaste der Button gedrückt worden ist.

Wie die obigen zwei Beispiele bereits deutlich machen, können sich die Erlebnisse, die ein Benutzer bei der Verwendung unterschiedlicher Eingabegeräte empfindet, unterscheiden, obwohl das Ergebnis der Aktion identisch ist.

Bei einem Touch-Screen läuft im Prinzip genau die gleiche Handlung wie bei einer Maus ab, bei Berührung des Bildschirms werden, wie auch beim Klicken einer Maustaste, die Koordinaten vom Bildschirm abgenommen und an das Anwendungsprogramm weitergegeben.

Ähnlich wie bei einer Maus verhält es sich mit Joystick oder Trackball, die jeweils eher eine Second Person Experience auslösen. Bei einer Kommunikation von Mensch und Computer über einen sogenannten Daten-Handschuh (Data-Glove), eventuell kombiniert mit einer speziellen Gesichtsmaske als Ausgabegerät, ist zwar die „First-Person-Experience", vor allem für Anwendungen im Bereich der virtuellen Realität, besonders deutlich; geeignet für den täglichen Umgang mit dem Computer oder speziell für Kiosksysteme ist diese Art der Kommunikation aber sicher nicht.

In der folgenden Tabelle werden verschiedene Möglichkeiten der Anwendungssteuerung, eine Einordnung nach obigem Schema und eine Bewertung bezüglich der Eignung für Kioskanwendungen vorgestellt:

Tabelle 5: Mögliche Anwendungssteuerungen

Art der Steuerung	Einordnung	Bemerkung	Eignung für Kiosksysteme
Tastatur	✌	Sehr fehleranfällig	weniger
Spezial-Tastatur	✌	Oft notwendig für Texteingaben, relativ leicht zu bedienen	gut
Maus, Joystick	✌	Umständlich zu bedienen, fehleranfällig	schlecht
Touch-Screen	☝	Hohe Akzeptanz, einfache intuitive Bedienung	sehr gut
Voice-Control	☝	Noch nicht ausgereift, nur geringer Wortschatz	weniger
Data-Glove	☝	Noch nicht ausgereift, zu umständlich	schlecht

☝ : First Person Experience
✌ : Second Person Experience

4.3 Benutzerschnittstellen für Kiosksysteme

Die vorangegangenen Kapitel haben - eher allgemein - das Design und die Ergonomie von Benutzerschnittstellen beleuchtet. In diesem Kapitel werden die speziell für das Design von multimedialen Kioskanwendungen gültigen Kriterien zusammengefaßt und erläutert.

4.3.1 Design

Durch die bereits angesprochenen Zielgruppen von Kiosksystemen (eher unerfahrene Computeranwender), und aufgrund des relativ starren Aufbaus einer Kioskoberfläche ist ein ergonomisches Design der Benutzerschnittstelle besonders wichtig. Die einfache und intuitive Bedienung und eine nicht überladene Benutzeroberfläche erhöhen die Akzeptanz und damit auch die Zahl der potentiellen Anwender.

Je nach Anwendungsszenario und je nach Art und Umfang der integrierten Multimediaelemente ist ein mehr oder weniger durchgängiges Steuerungskonzept notwendig. Bezieht sich die Medienintegration lediglich auf die Einblendung eines Beraters in einem Videofenster, ist der Umfang der Steuerungsmöglichkeiten relativ gering. Ist der Inhalt des Kiosks jedoch so, daß der Benutzer zwischen verschiedenen Videofilmen auswählen kann, sollte zumindest die Möglichkeit gegeben sein, den Film vorzeitig anzuhalten. Wird der Kiosk als Teil eines Videokonferenzsystems verwendet, so ist z.B. eine Steuerung der entfernten Kameras in Erwägung zu ziehen.

In jedem Fall sollten die Symbole (Icons, Buttons) zur Steuerung der Kioskanwendung konsistent und leicht verständlich sein. Es bietet sich an, Symbole zu verwenden, die im Bereich der Unterhaltungselektronik (Kassettenrecorder, Videorecorder) eingesetzt werden, da auch computerunerfahrene Anwender gewohnt sind, damit umzugehen und die Symbole einzuordnen wissen.

Der Aufbau der verschiedenen Bildschirme einer Kioskanwendung sollte durchgängig sein, d.h. die grundlegenden Steuerelemente sollten immer gleich positioniert sein, damit der Benutzer sich nicht bei jeder Bildschirmseite neu zu orientieren braucht.

Die Anordnung der verschiedenen Elemente (z.B. Textausgabefenster, Buttons, Hilfestellung, Systemmeldungen, ...) sollte sich möglichst nah an die oben genannten Gesetzmäßigkeiten wie Aufmerksamkeitsverteilung, Gesetz der Nähe, Gesetz der guten Gestalt, etc. halten, da besonders bei unerfahrenen Benutzern diese Faktoren eine große Bedeutung haben.

Generell gilt: Ein einfacher Aufbau erhöht sowohl die Akzeptanz als auch die Funktionalität und damit auch den Erfolg eines Kiosksystems. Die Benutzerschnittstelle stellt sozusagen die Visitenkarte des Systems dar, ein leistungsfähiges System ist nur so gut, wie es sich nach außen hin präsentieren kann.

4.3.2 Anwendungssteuerung

Zur Anwendungssteuerung für multimediale Kiosksysteme haben sich sowohl die sogenannten Touch-Screens als auch Spezialtastaturen, sogenannte Eingabepanels oder Touch-Panels, durchgesetzt.

Vor allem durch Touch-Screens werden Kioskbenutzer weniger vom Gerät abgeschreckt, da sie nicht unmittelbar das Gefühl haben, mit einem Computer umzugehen. Das folgende Zitat aus [25] unterstreicht dies anschaulich:

„You cannot tell you're dealing with a computer, there's no keyboard or CPU, nothing to frighten people away from it.“

Abschließend sollen stichwortartig die Vor- und Nachteile dieser beiden Möglichkeiten zur Anwendungssteuerung von Kiosksystemen aufgezeigt werden.

Touch-Screens:

- *Vorteile:*
  - First-Person-Experience
  - Robust und fehlertolerant
  - Hohe Akzeptanz beim Benutzer
  - Einfach zu bedienen
  - Keine zusätzliche Peripherie notwendig
- *Nachteile:*
  - Eingabe von Text oder Zahlen schwierig
  - Verschmutzung des Bildschirms durch Fingerabdrücke
  - Ein Teil der Bildschirmfläche wird für die Steuerung benötigt

Spezielle Eingabepanels:

- *Vorteile:*
  - Die Bildschirmfläche kann in vollem Umfang für die Informationsdarstellung verwendet werden.
  - Keine Verschmutzung des Bildschirms durch Fingerabdrücke

- Eingabe von Texten und Zahlen leichter möglich
- Speziell Ausgestaltung der Eingabepanels kann, z.B. durch Nachbildung der Örtlichen Situation, die Orientierung erleichtern.

- *Nachteile:*
  - Second-Person-Experience
  - Der Benutzer muß auf Eingabepanel und Bildschirm mehr oder weniger gleichzeitig achten und kann dadurch abgelenkt werden.
  - Zusätzliche Spezialhardware notwendig

Welche der beiden Möglichkeiten zur Anwendungssteuerung eines Kiosks die geeignetere ist, muß von Fall zu Fall entschieden werden. Allgemeingültige Empfehlungen können nur sehr schwer gegeben werden.

5 Plattformen für Kiosksysteme

You see, wire telegraph is a kind of a very, very long cat.
You pull his tail in New York and his head is meowing
in Los Angeles. Do you understand this?
And radio operates exactly the same way:
you send signals here, they receive them there.
The only difference is that there is no cat.

Albert Einstein

Die vorangegangenen Kapitel haben überwiegend den theoretischen Hintergrund von Kiosksystemen behandelt. Klassifikation, Definition und Einsatzgebiete von Kiosksystemen, Möglichkeiten der Integration multimedialer Daten und Vernetzung wurden ebenso angesprochen wie Designrichtlinien für Benutzeroberflächen. Das folgende Kapitel gibt nun einen eher praktischen Überblick über Möglichkeiten, Kiosksysteme konkret zu implementieren. Zunächst werden einige Hardwareplattformen sowie Betriebssysteme, und anschließend exemplarische einige Autorenwerkzeuge, vorgestellt, mit Hilfe derer sich Kioskanwendungen realisieren lassen.

Abbildung 16: Komponenten eines Kiosksystems

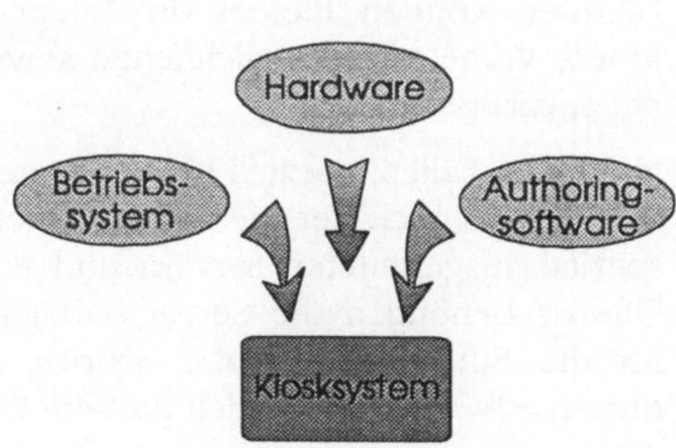

5.1 Hardware

Die Auswahl einer geeigneten Hardwareplattform für ein geplantes Kiosksystem ist abhängig von der Art, dem Umfang und dem Einsatzgebiet des jeweiligen Systems. Grundsätzlich muß man zwischen folgenden, mehr oder weniger unabhängigen, Komponenten unterscheiden:

- ***Computer***
- ***Externe Geräte***
- ***Kiosksgehäuse***

Die Basis eines Kiosksystems bildet der Typ des gewählten ***Computers***. Dieser bestimmt auch zum großen Teil die weiteren Möglichkeiten bezüglich des zu verwendenden Betriebssystems (vgl. Kapitel 5.2) und der einsetzbaren Autorensoftware (vgl. Kapitel 5.3).

Externe Geräte sind z.B. Kartenleser, Drucker oder Spezialtastaturen, deren genaue Spezifikation stark von der jeweiligen Anwendung abhängt.

Das ***Kioskgehäuse*** selbst ist weitgehend unabhängig vom Rest des Systems und wird hauptsächlich durch Design und Einsatzort bestimmt.

Bevor an dieser Stelle nun eine Entscheidung bezüglich der einzusetzenden Hardware getroffen werden kann, muß geprüft werden, auf welchen Systemen sich die gewünschte Funktionalität überhaupt realisieren läßt. Einschränkende Faktoren können hierbei die Integration von Audio und Video, Vernetzungsmöglichkeiten sowie der Anschluß externer Spezialgeräte sein.

In einigen Fällen, speziell bei vernetzten Systemen, empfiehlt sich oftmals auch der Einsatz eines heterogenen Systems mit speziell ausgestatteten Servern und entsprechenden Clients. Oftmals benötigen die Server dabei keine Spezialhardware für die Ein- und Ausgabe, jedoch z.B. Videokomprimierungshardware und deutlich größere Festplatten.

In den folgenden Kapiteln wird auf die drei genannten Punkte Computer, externe Geräte und Kioskgehäuse noch einmal eingegangen. Aufgrund der sich rasch entwickelnden Technologie kann dies jedoch nur als allgemeiner Überblick betrachtet werden, Details können der jeweils aktuellen Literatur entnommen werden.

5.1.1 Computer

Computers are useless.
They only give you answers.

Pablo Picasso

Die gängigsten Rechnerplattformen stellen zur Zeit IBM-kompatible Personal Computer (IBM-PC) mit Intelprozessor bzw. IBM Personal System/2 Computer dar. Gerade für den Einsatz als Kiosk-Client bieten diese Systeme neben einem sehr guten Preis-Leistungsverhältnis eine große Palette an verfügbarer Hard- und Software. Die Leistung ist in Bezug auf Verarbeitungsgeschwindigkeit und der Fähigkeit, multimediale Daten zu verarbeiten, bei geeigneter Ausstattung für die meisten Anwendungsszenarien absolut ausreichend.

Interessant ist hierbei der, in den späten achtziger Jahren eingeführte, sogenannte MPC-Industriestandard (Mulimedia Personal Computer), der eine gewisse Ausstattung und Leistungsfähigkeit eines multimediafähigen Rechners in zwei Stufen vorschreibt (vgl. Tabelle 6).

Weitere denkbare Plattformen für Kiosksysteme sind der Apple Macintosh, NeXTstations oder Silicon Graphics Indy Rechner. Diese Systeme habe alle die Fähigkeit, multimediale Daten zu verarbeiten, und bieten ein für ein Kioskclient angemessenes Preis/Leistungsverhältnis.

Tabelle 6: MPC-Spezifikation

	MPC Stufe 1	MPC Stufe 2
Prozessor	386SX oder kompatibler	486SX/25 oder kompatibler
Haupt-speicher	2 MB	4 MB
Magnet-speicher	Diskettenlaufwerk und Festplatte	Diskettenlaufwerk und 160MB Festplatte
Optischer Speicher	150KB/sec CD-ROM mit CD-DA Ausgang	300 KB/sec CD-ROM, CD-ROM XA, Multisessionfähig
Audio	DAC/ADC, Musik-Synthesizer, analoges Mischen	16-bit DAC/ADC, Musik-Synthesizer, analoges Mischen
Video	VGA Grafikadapter	640x480, 16-bit Farben
Eingabe	Tastatur mit 101 Tasten (oder vergleichbares), 2 Button-Maus	Tastatur mit 101 Tasten (oder vergleichbares), 2 Button-Maus
Schnittstellen	Serielle Schnittstelle, Parallele Schnittstelle, MIDI I/O Schnittstelle, Joystick Schnittstelle	Serielle Schnittstelle, Parallele Schnittstelle, MIDI I/O Schnittstelle, Joystick Schnittstelle

Im Serverbereich kann je nach Art und Umfang der geplanten Anwendung eine andere Hardwareplattform geeigneter sein. Hier bieten sich vor allem sogenannte Workstations an, die durch ihre Leistungsfähigkeit zusammen mit dem Einsatz von Multitasking-Betriebssystemen auch mehrere Kiosk-Clients zur gleichen Zeit bedienen können. Bei einem solchen verteilten System ist zu beachten, daß die gewählten Systeme mit den Clientrechner vernetzt werden können, d.h. es muß entsprechende Netzwerksoftware und Netzwerkprotokolle geben, die plattformübergreifende Schnittstellen anbieten.

An dieser Stelle sollten auch noch die relativ neuen PowerPCs und PowerMacs erwähnt werden, die den von Intel, Apple und Motorola gemeinsam entwickelten PowerPCProzessor verwenden. Dieser Prozessor ist ein sogenannter RISC[5]-Prozessor auf dem Standard Macintosh Software, PC-kompatible Software und spezielle PowerPC Software

5 Reduced Instruction Set Computer

eingesetzt werden kann. Zur Zeit sind diese Systeme aber noch nicht weit verbreitet, so daß kaum Aussagen darüber gemacht werden können, ob und inwieweit sie sich im Multimediabereich - und speziell auch im Kioskbereich - durchsetzen werden.

5.1.2 Externe Geräte

Als externe Geräte werden alle Geräte bezeichnet, die zusätzlich an den jeweiligen Rechner angeschlossen werden, um Funktionalität hinzuzufügen. Geläufige Beispiele sind:

- Spezialtastatur (Eingabepanel)
- Touch-Screen
- Zeigegerät (Maus oder ähnliches)
- Kartenlesegerät
- Drucker
- Kamera
- Mikrofon
- Lautsprecher

Oftmals sind diese Geräte (z.B. Eingabepanels, Kartenleser) Sonderanfertigungen, die jedoch über die gängigen Schnittstellen (Tastatureingang, Parallele Schnittstelle) angeschlossen werden können. Für Audio und Video sind allerdings fast bei allen Systemen spezielle Adapterkarten notwendig, um Mikrophon oder Kamera anschließen zu können.

Kritisch ist hierbei vor allem, daß genau geprüft werden muß, welche Software welche Geräte unterstützt und ob entsprechende Gerätetreiber für das gewählte System zur Verfügung stehen. Soll beispielsweise ein Kartenlesegerät zum Einsatz kommen, um sogenannte Smart-Cards (Chipkarten) lesen zu können, sind meist spezielle Treiber notwendig, die nicht unbedingt direkt von jeder Anwendungssoftware unterstützt werden.

5.1.3 Kioskgehäuse

Ausschlaggebende Faktoren bei der Auswahl von Kioskgehäusen sind:

- Welche externen Geräte sollen mit in das Gehäuse integriert werden können?
- Wo soll der Kiosk aufgestellt werden?
- Welches Design soll der Kiosk haben?

Ist vorgesehen, daß ausschließlich ein Touch-Screen zum Einsatz kommt, muß beispielsweise keine Tastatur oder ähnliches in das Gehäuse integriert werden, was wiederum Auswirkungen auf das Design hat. Einige Hersteller bieten Kioskgehäuse „von der Stange" an, die für viele Anwendungsszenarien sicherlich ausreichend sein dürften oder mit geringem Aufwand an die jeweiligen Bedingungen angepaßt werden können. Spezialanfertigungen sind nicht nur teurer, sondern bedürfen meist auch einer längeren Planung und Vorlaufzeit.

Die Frage, wo ein Kiosk aufgestellt werden soll, beeinflußt nicht nur die Entscheidung darüber, ob das Gehäuse wetterfest sein muß oder nicht, sondern auch wie robust das Gehäuse in Bezug auf Vandalismus sein muß. Kundeninformationssysteme im Foyer eines Unternehmens stellen dabei verständlicherweise geringere Ansprüche als z.B. Stadtinformationssysteme, die in einer Fußgängerzone aufgestellt werden sollen. Zu beachten ist, daß nicht nur die Hard-, sondern auch die Software robust genug ist und nicht durch fehlerhafte Bedienung zum Absturz gebracht werden kann.

5.2 Betriebssysteme

If the automobile had followed the same development as the computer, Rolls-Royce would today cost $100, get a million miles per gallon, explode once a year killing everyone inside.

Robert Cringely/InfoWorld

Je nach gewählter Hardwareplattform ist die Entscheidung, welches Betriebssystem für eine Kioskanwendung verwendet werden soll, teilweise bereits vorgegeben. In vielen Fällen können jedoch auch auf der gleichen Hardwareplattformen durchaus verschiedene Betriebsysteme eingesetzt werden. Die Entscheidung, welches Betriebssystem letztendlich zum Einsatz kommt, hängt nicht zuletzt von den Anforderungen ab, die an die Anwendung gestellt werden. Für die Anwender sollte diese Entscheidung mehr oder weniger transparent sein, da sie bei einem Kiosksystem idealerweise nie mit dem Betriebssystem in Kontakt kommen sollten.

Im folgenden werden die wichtigsten Betriebssysteme stichwortartig vorgestellt und in Bezug auf ihre Eignung zum Einsatz in einem Kiosksystem bewertet. Diese Bewertung ist rein subjektiv zu betrachten und spiegelt ausschließlich die Meinung des Autors wieder.

5.2.1 Apple Macintosh

Das Betriebssystem des Apple Macintosh ist eines der wenigen, das ganz ohne sogenanntes Command-Line-Interface (CLI) auskommt. Die gesamte Benutzerschnittstelle - der sogenannte Finder - ist grafisch orientiert und folgt dem sogenannten WYSIWYG („what you see is what you get")-Prinzip. Das Betriebssystem ist ein Single-User, Single-Tasking System, d.h. es kann prinzipiell nur ein Benutzer ein Programm zu einer Zeit ausführen. Der sogenannte MultiFinder kann zwar mehrere Programme gleichzeitig im Speicher halten sowie Dinge wie beispielsweise das Drucken im Hintergrund erledigen, dennoch ist dies kein echtes Multitasking.

Durch die intuitive Benutzerschnittstelle, die von Anfang an vorhandene Integration von Audio und seine gute Grafikfähigkeit, war der Apple Macintosh traditionell eine beliebte Plattform für Grafik-Designer, Desktop-Publisher, Computer-Künstler und Entwickler von Multimediaanwendungen. Inzwischen hat Apple mit der Einführung der QuickTime-Technologie, einer Betriebssystemerweiterung zur Unterstützung von zeitkritischen Medien, auch die Möglichkeit geschaffen, relativ einfach Animationen, Audio und Video in Anwendungen zu integrieren.

Da Apple die Macintosh-Architektur nie lizensiert hat, konnten, anders als im PC-Bereich, nie Macintosh-kompatible Systeme von anderen Herstellern entwickelt und verkauft werden. Dies hat dazu geführt, daß deutlich weniger Macs als PCs im Einsatz sind und dadurch auch weniger Software für den Mac entwickelt wurde. Im Bereich der Multimedia-Autoren-Werkzeuge sind jedoch auch und gerade für den Macintosh eine ganze Reihe sehr guter Programme vorhanden, so daß er als Plattform für Kioskanwendungen sehr gut geeignet ist. Für den Einsatz in einem verteilten, heterogenen System ist zu prüfen, ob das von Apple verwendete Apple-Talk-Protokoll von den anderen angeschlossenen Systemen unterstützt wird.

5.2.2 MS-DOS

MS-DOS von Microsoft bzw. PC-DOS von IBM ist das Standardbetriebssystem für IBM-Personal Computer und Kompatible. Es ist ein Single-User, Single-Tasking-Betriebsystem, d.h. es kann prinzipiell nur ein Benutzer eine Anwendung zur gleichen Zeit ausführen. DOS unterstützt keine speziellen Speicherschutzmechanismen, d.h. prinzipiell jede Anwendung kann den gesamten Speicher adressieren und darin lesen oder schreiben. Aus Kompatibilitätsgründen sind außerdem einige historische Beschränkungen, z.B. hinsichtlich der Größe des nutzbaren Speichers für Anwendungen, nach wie vor vorhanden. Dies macht DOS, zusätzlich zu der Tatsache, daß nach der Einführung von MS-Windows (s.u.) kaum noch

Autorenwerkzeuge, die direkt auf DOS aufsetzen, entwickelt wurden, als alleinige Betriebssystemplattform für Kiosksysteme eher unattraktiv.

Zur Vernetzung von PCs hat sich neben anderen Systemen vor allem Novell-Netware durchgesetzt, bei dem sich über das sogenannte IPX-Protokoll der Aufbau von sehr kleinen lokalen Netzen bis hin zu sehr großen Unternehmensweiten Netzen realisieren läßt.

5.2.3 MS-Windows

Microsoft Windows ist eine graphische, fensterorientierte Betriebssystemerweiterung für MS-DOS, d.h. es erfordert eine MS-DOS Installation und setzt darauf auf. Dadurch hat es teilweise zwar die gleichen Beschränkungen wie DOS, bietet auf der anderen Seite aber Möglichkeiten zur Nutzung von erweitertem Speicher und ermöglicht durch ein Zeitscheibenverfahren auch das Nutzen von mehreren Anwendungen gleichzeitig[6]. Windows 95, das die Nachfolge von MS-Windows antreten soll, wird erstmals ohne eine bestehende MS-DOS Basisinstallation auskommen und wird weitere Einschränkungen von MS-Windows aufheben. Grundsätzlich ist es jedoch auch wieder um einen sogenannten DOS-Kern herum gebaut, wodurch einige grundlegende Limitierungen nach wie vor bestehen bleiben.

Für ein einzelnes Kiosksystem oder ein Kioskclient sind diese Beschränkungen jedoch kaum ausschlaggebend, da es sich meist um eine reine Einbenutzeranwendung handelt, bei der nur eine Anwendung, die Kioskanwendung, auf dem System läuft.

MS-Windows ist durch seine einfache Benutzeroberfläche und eine große Zahl verfügbarer Anwendungen sehr weit verbreitet. Auch im Bereich Autorenwerkzeuge (vgl.

---

6 „gleichzeitig" heißt, daß der Benutzer die Abarbeitung als quasi gleichzeitig empfindet. In einem Ein-Prozessor-System kann jedoch immer nur eine Anwendung zur einer Zeit auf dem Prozessor ablaufen.

Kapitel 5.3) gibt es eine Reihe von Programmen, die unter MS-Windows lauffähig sind, so daß es als Plattform für Kiosksysteme sehr gut geeignet ist.

5.2.4 OS/2

Das Operating System/2 von IBM ist ein Betriebssystem für IBM Personal System/2 Systeme und andere Intelbasierte Personal Computer. Es ist ein Single-User, Multitasking-Betriebssystem, d.h. ein Benutzer kann gleichzeitig mehrere Anwendungen parallel ablaufen lassen. OS/2 besitzt eine grafische Benutzeroberfläche, den sogenannten Presentation Manager, über den die meisten Anwendungen ablaufen. Außerdem gibt es Erweiterungen, die es ermöglichen, auch DOS- und Windows-Programme unter OS/2 einsetzen zu können.

OS/2 bietet mit dem Multimedia Presentation Manager/2 (MMPM/2) eine sehr gute Plattform für die Integration von multimedialen Elementen wie Audio, Video und Animation und ist auch durch die im Lieferumfang des Betriebssystems vorhandene Netzwerkunterstützung gut für den Einsatz in einem verteilten System geeignet.

Für Kioskanwendungen eignet sich OS/2 vor allem als Clientsystem sehr gut, bietet aber auch als Serversystem in einer verteilten Anwendungsumgebung gute Möglichkeiten.

5.2.5 Unix

Unix ist Anfang der 70er Jahre von den Bell Laboratories entwickelt worden. Es ist ein Multi-User, Multitasking-Betriebssystem, d.h. es können mehrere Benutzer gleichzeitig mehrere Anwendungen ausführen. Unix gehört neben DOS, Windows und OS/2 zu den am weitesten verbreiteten Betriebssystemen für Mikrocomputer, hat sich aber vor allem im Workstation- und Serverbereich durchgesetzt.

Als Standard für die grafische Benutzeroberfläche von Unix-Systemen hat sich X-Windows durchgesetzt, das durch seine spezielle Client-Server-Architektur besonders gut für verteilte Anwendungen geeignet ist. Eine Anwendung, die auf einem

Rechner läuft, kann seine Ausgabe transparent über das X-Protokoll auf einen anderen Rechner umleiten und erscheint für den Benutzer dort, als wäre es lokal aufgerufen worden.

Generell ist Unix im Bereich verteilte Systeme sehr populär, da viele Netzwerkdienste, speziell die des Internet, bereits im Betriebssystemkern integriert sind und nicht erst durch zusätzliche Programme bereitgestellt werden müssen.

Abgesehen von den Entwicklungen im World-Wide-Web, auf die in Kapitel 7 noch näher eingegangen wird, sind unixbasierte Kioskanwendungen zur Zeit noch eher selten im Einsatz. Dies liegt nicht zuletzt auch daran, daß Unix Workstations meist wesentlich teurer und aufwendiger zu pflegen sind als beispielsweise DOS oder OS/2 basierte Systeme. Zusätzlich ist auch noch nicht die vergleichbare Vielfalt an Autorensystemen für Unix-Plattformen verfügbar, wie dies etwa für Windows oder OS/2 der Fall ist. Für verteilte Kioskanwendungen sind Serversysteme auf Unix-Basis durch ihre gute Netzwerkfähigkeit sehr gut geeignet. Sobald auch mehr Autorenwerkzeuge für Unix auf den Markt kommen, wird dies in zunehmenden Maße auch für unixbasierte Kioskclients gelten.

5.3 Autorenwerkzeuge

Technology is not a substitute for human values
but the servant for human values.

William Paley - Founder of CBS

Nachdem Hardwareplattform und Betriebssystem für ein geplantes Kiosksystem festgelegt wurden, muß anschließend die Autorensoftware[7], mit der die eigentliche Kioskanwendung erstellt werden soll, ausgesucht werden. Dieser Prozeß

7 Autorensoftware, Autorenwerkzeug oder Autorenprogramm bzw. deren englische Version Authoringsoftware, Authoringtool oder Authoringprogram werden hier synonym verwendet.

kann grundsätzlich auch umgekehrt ablaufen, wenn von vorneherein feststeht, welche Autorensoftware verwendet werden soll, und diese Entscheidung Hardware und Betriebssystem bestimmt.

Die Autorensoftware stellt eine integrierte Entwicklungsumgebung zur Verfügung, um Inhalte und Abläufe einer Kioskanwendung zu kreieren. Meistens hat der Autor dabei die Möglichkeit, verschiedene Arten von Daten wie Text, Grafiken oder auch Animationen und Audio- und Videoclips zu erstellen, zu editieren und zu importieren. Diese Daten können anschließend verknüpft werden, es können Synchronisationsbeziehungen zwischen unterschiedlichen Medien hergestellt und der zeitliche Ablauf der Anwendung geregelt werden. Zusätzlich kann festgelegt werden, wie auf bestimmte Ereignisse (wie z.B. Tastatureingabe, Berührung des Touch-Screens, Ablauf eines Timers, Mausklick, etc.) reagiert werden soll, und auf welchen Objekten welche Ereignisse zulässig sind.

Grundsätzlich ist darauf zu achten, daß bevor die Entscheidung für eine bestimmte Autorensoftware zur Implementierung eines Kiosksystems getroffen wird, genau geprüft wird, ob die gewünschte Funktionalität mit diesem System überhaupt zu realisieren ist. Neben allgemeinen Richtlinien, die prinzipiell bei der Entwicklung und Erstellung einer jeden Kioskanwendungen gelten, gibt es auch grundsätzlich unterschiedliche Arten von Autorenwerkzeugen, die sich je nach Art, Inhalt und Einsatzgebiet besser oder schlechter für ein konkretes Projekt eigenen.

Im folgenden wird deshalb zunächst generell auf den Entwicklungsprozeß von Kioskanwendungen eingegangen, anschließend werden die unterschiedlichen Arten von Autorenwerkzeugen aufgezeigt, bevor abschließend einige konkrete Autorenwerkzeuge vorgestellt werden.

5.3.1 Entwicklungszyklus

Der Entwicklungszyklus zur Erstellung einer Kioskanwendung verläuft, mehr oder weniger unabhängig von dem gewählten Werkzeug, nach einem generellen Muster.

- Zusammenstellung des Teams
- Produktion und Implementierung
- Test und Verifikation

5.3.1.1 *Zusammenstellung des Teams*

Nachdem ein Projekt definiert wurde, sollte zunächst ein geeignetes Team zusammengestellt werden, das je nach Art und Einsatzgebiet neben dem Projektleiter aus Designern, Medien-Produzenten, Skript-Schreibern, Programmierern, Hardwareexperten und Netzwerkspezialisten bestehen kann. Wichtig ist es auch, Experten für das jeweilige Anwendungsgebiet der geplanten Kioskanwendung mit in das Team einzubeziehen[8].

All diese Personen werden später mehr oder weniger mit der einen oder anderen Komponente der Autorenwerkzeuge zu tun haben und durch ihre jeweiligen Vorstellungen die Auswahl der Werkzeuge mitbestimmen. Anders als bei der herkömmlichen Projektentwicklung in der Datenverarbeitung sind jedoch bei der Entwicklung und Erstellung von Kioskanwendungen typischerweise Fachleute aus den unterschiedlichsten Fachrichtungen beteiligt. Dies stellt neue Herausforderungen an die Koordination und die interdisziplinäre Zusammenarbeit zwischen den jeweiligen Bereichen.

Der **Projektleiter** agiert als eine Art Regisseur für das Projekt und übernimmt die Verantwortung für die Koordination des gesamten Teams.

Die **Designer** entwerfen Bildschirmlayouts, Eingabemasken und bereiten vorgegebene Inhalte entsprechend auf.

---

[8] z.B. Versicherungskaufleute, Bankkaufleute, Tourismusfachleute

Die **Medien-Produzenten** erstellen Bilder, Animationen und Audio- und Videoclips, die mit in die Anwendung einbezogen werden sollen.

Die **Skript-Schreiber** sind mehr oder weniger die Drehbuchautoren, die das Drehbuch schreiben, das in diesem Zusammenhang auch Storyboard genannt wird. Sie legen Abläufe fest, stellen Synchronisationsbeziehnung zwischen verschiedenen Medien her und bestimmen, welche Ereignisse welche Handlungen zur Folge haben sollen.

Die **Programmierer oder Programm-Autoren** sind für das Erstellen der eigentlichen Kioskanwendung zuständig. Dabei greifen sie auf Inhalte und Informationen der anderen Teammitglieder zurück und ergänzen diese zum fertigen Programm. Je nach Art der Anwendungen kann dies eine rein lokale oder eine verteilte Implementierung mit Client-Server-Komponenten sein.

Hardwareexperten werden vor allem dann benötigt, wenn es darum geht, externe Geräte und Spezialhardware in die Anwendung zu integrieren. Sie bieten den Programmieren die Schnittstellen, um diese Geräte von der Anwendung aus ansprechen zu können.

Im Falle einer verteilten Kioskanwendungen ist es Aufgabe der **Netzwerkspezialisten**, das Zusammenspiel der verteilten Komponenten zu gewährleisten, Schnittstellen zwischen den verschiedenen Systemen zu definieren und die Vernetzung vorzunehmen.

Die **Experten** für das jeweilige Anwendungsgebiet können Abläufe und Inhalte von einem eher neutralen, nichttechnischen Standpunkt aus betrachten und dem gesamten Team beratend zur Seite stehen.

5.3.1.2 Produktion und Implementierung

Nachdem das Team feststeht, beginnt die zweite Phase des Entwicklungszyklus, die eigentliche Produktion und Implementierung der Kioskanwendung. Der prinzipielle Ablauf sieht dabei wie folgt aus:

- **Beschreibung der Anwendung und des Szenarios**, um herauszufinden, welche Inhalte oder Dienste in welcher Form dargestellt werden sollen. Auch die Aufteilung der Anwendung in eventuell mehrere verteilte Module muß bereits von Anfang an definiert werden.
- **Auswahl des Werkzeuge**, mit denen die Anwendung implementiert werden soll.
- **Festlegung der Abläufe** und Erzeugung des Storyboards. Bei verteilten Anwendungen sollte das Verhalten jedes Moduls in einem eigenen Dokument spezifiziert werden.
- **Erstellung von Inhalten** wie Texten, Zeichnungen, Grafiken, Audio und Videoclips. Importieren von Daten, die mit anderen Werkzeugen erstellt wurden und in die Anwendung mit eingebracht werden sollen (z.B. eingescannte Fotos oder Firmenlogos).
- **Integration der Daten** durch Implementierung der im Storyboard vorgegebenen Dinge wie Design, Inhalte, Reihenfolge, Verhalten, Timing, Verbindungen sowie Synchronisation der Medien in den verschieden Modulen.

Die Auswahl der Werkzeuge wird bestimmt durch die geplante Funktionalität und Architektur der Anwendung. Sollten keine Autorenprogramme vorhanden sein, die den gesamten Funktionsbereich abdecken, müssen eventuell individuelle Zusatzkomponenten herangezogen oder auch neu entwickelt werden, die die Funktionalität des Autorenprogramms entsprechend ergänzen.

Ein Beispiel für eine solche Zusatzkomponente ist der in Kapitel 6 vorgestellte Distributed Multimedia Kiosk Service (DMKS), der einen Verteildienst für Audio- und Videodaten unabhängig von der Autorensoftware bereitstellt.

5.3.1.3 Test und Verifikation

Abschließend als dritte und letzte Phase des Entwicklungszyklus steht die Test- und Verifikationsphase. Diese Phase ist speziell bei Kioskanwendungen besonders kritisch, da hier aufgrund der Zielgruppe besondere Sorgfalt auf die Robustheit aber auch die Benutzerfreundlichkeit des Systems gelegt werden muß.

Der Test sollte deshalb nicht nur die Funktionalität der Anwendung sicherstellen, sondern auch zum Ziel haben zu verifizieren, ob die Dienste und Inhalte auch einem typischen Anwender vermittelt werden können und das System von diesen Anwendern intuitiv, d.h. ohne große Einlernphase, bedient werden kann. An dieser Stelle bietet es sich an, unabhängige Testpersonen einzusetzen, die der späteren Zielgruppe der Anwendung entsprechen.

Ebenso ist das Feedback der Experten in dieser Phase besonders wichtig, da diese meist weniger Wert auf technische Details legen, sondern mehr oder weniger naiv prüfen können, ob die Dienste und Inhalte richtig, sinnvoll, schlüssig und verständlich dargeboten werden.

Speziell bei verteilten Systemen ist es nützlich, einzelne Komponenten unabhängig voneinander zu testen, bevor das gesamte System überprüft wird. Dadurch wird die Lokalisierung eventuell auftretender Fehler vereinfacht und vermieden, daß das gesamte System durchsucht werden muß.

Ähnliches gilt für den Anschluß von externen Geräten und Spezialhardware. Hier bietet es sich an, eine Testschnittstelle zur Verfügung zu haben, die das Verhalten des Gerätes in Software simuliert, so daß Hard- und Softwarefehler einfacher voneinander abgegrenzt werden können.

5.3.2 Arten von Autorenwerkzeugen

Je nach dem, wie ein Autorenwerkzeug aufgebaut ist, die Inhalte und Medien zu organisieren und die Abläufe zu strukturieren, kann man unterschiedliche Arten unterscheiden [29, 45]:

- Seitenbasierte Werkzeuge
- Zeitbasierte Werkzeuge
- Iconbasierte Werkzeuge
- Rahmenbasierte Werkzeuge
- Skriptbasierte Werkzeuge

In **Seitenbasierten Werkzeugen** (engl. page-based tools oder card-based tools) sind die Inhalte wie die Seiten eines Buches oder die Karten eines Kartenstapels organisiert. Jede Bildschirmseite entspricht einer „Buchseite“ oder „Karte“. Diese können sowohl sequentiell verbunden als auch beliebig angesprungen werden. In solchen Systemen wird typischerweise jedes Ereignis durch eine neue „Seite“ oder „Karte“ dargestellt.

Zeitbasierte Werkzeuge (engl. time-based tools oder presentation tools) organisieren Inhalte und Ereignisse entlang einer Zeitachse. Diese Zeitachse hat in der Regel eine Auflösung von bis zu 1/30 Sekunde, um z.B. Animationen und Videoclips entsprechend abbilden zu können. Diese Systeme sind besonders zur Realisierung von Präsentationen mit vorgegebenem Ablauf und definiertem Anfang und Ende geeignet. Durch die Möglichkeit, per Befehl an jede beliebige Stelle der Zeitachse springen zu können, sind sie jedoch auch bedingt für interaktive Anwendungen geeignet.

Bei **Iconbasierten Werkzeugen** (engl. icon-based tools oder object-based tools) werden die Inhalte und Ereignisse als Objekte bzw. Zustände in einer Art Flußdiagramms strukturiert. Bildschirminhalte oder Ereignisse werden als kleine Icons dargestellt und können an definierten Positionen in diesem Diagramm abgelegt werden. Kanten und Pfeile, die die Icons miteinander verbinden, bilden dabei das Verhalten bei den Zustandsübergängen ab.

Rahmenbasierte Werkzeuge (engl. frame-based tools) verwenden die Metapher, daß der Bildschirm eine „Bühne“ ist, auf der die Objekte als Darsteller agieren [29]. Jedes Objekt oder Ereignis hat einen eigenen „Rahmen“ (Frame), der entsprechend auf der Bühne plaziert, entfernt oder verschoben wird. Rahmen können zeitliche und örtliche Beziehungen zueinander haben und auf bestimmte Ereignisse reagieren, so daß interaktive Präsentationen abgebildet werden können.

In **Skriptbasierten Werkzeugen** (engl. script-based tools) werden die Abläufe und Inhalte in Form einer Skriptsprache festgelegt. Die Skripte werden vielfach auch in Form von Tabellen abgelegt und ermöglichen somit eine einfache und schnelle, wenn auch nicht immer übersichtliche Erstellung einer Anwendung oder Präsentation.

5.3.3 Beispiele für Autorenwerkzeuge

Um eine Eindruck zu bekommen, welche Art von Autorenwerkzeugen auf welcher Plattform zur Verfügung steht, gibt Tabelle 7 ohne Anspruch auf Vollständigkeit einen Überblick über existierende Autorenwerkzeuge.

Zu prüfen ist zusätzlich, welche Funktionalität die jeweiligen Werkzeuge unterstützen. Im folgenden wird deshalb beispielhaft eine Checkliste gegeben, die je nach Bedarf individuell angepaßt werden kann.

Checkliste für Autorenwerkzeuge:

- Sind Editierfunktionen für
  - diskrete Medien (Text, Grafik, etc.) vorhanden?
  - kontinuierliche Medien (Audio, Video) vorhanden?
- Welche Dateiformate werden unterstützt?
- Ist für die Programmierung
  - eine Skriptsprache enthalten?
  - eine Schnittstelle zu anderen Programmiersprachen wie C oder Pascal vorhanden?
- Ist das System Netzwerkfähig und unterstützt die
  - Verteilung von diskreten Medien?
  - Verteilung von kontinuierlichen Medien?
- Ist eine Runtime Version verfügbar?
- Sind Debugmöglichkeiten gegeben?

Tabelle 7: Beispiele für Autorenwerkzeuge

Autoren-werkzeug	Hersteller	Plattform	Art
Action!	Macromedia	Macintosh, Windows	Zeitbasiert
Animation Works Interactive	Gold Disk, Inc.	Windows	Rahmenbasiert
Authoreware	Macromedia	Macintosh, Windows	Iconbasiert
AVC	IBM Corporation	DOS, OS/2	Skriptbasiert
Cinemation	Vividus	Macintosh	Rahmenbasiert
GainMomentum	Gain Technology	div. Unix Systeme	Seitenbasiert
Hypercard	Claris Corporation	Macintosh	Seitenbasiert
IconAuthor	AimTech	Windows	Iconbasiert
InfoDesigner/2	IBM Corporation	OS/2	Objektorientiert
Macromedia Director	Macromedia	Macintosh, Windows	Iconbasiert
MEDIAscript	Network Technology Corporation	DOS, OS/2, Windows	Skriptbasiert
PLUS	Spinnaker Software	Macintosh, Windows	Seitenbasiert
Producer	Passport Designs, Inc.	Macintosh	Zeitbasiert
Promotion	Motion Works International	Macintosh	Rahmenbasiert
StoryboardLive!	IBM Corporation	DOS	Iconbasiert
SuperCard	Aldus Corporation	Macintosh	Seitenbasiert
TEMPRA Media Author	Mathematica, Inc.	DOS	Skriptbasiert
ToolBook	Asymetrix Corporation	Windows	Seitenbasiert
Visual Basic	Microsoft Corporation	Windows	Skriptbasiert
Windowcraft	Windowcraft Corporation	Windows	Seitenbasiert

5.4 Set-Top-Systeme

After all, interactive TV doesn't just mean yelling at the television when the referee makes a bad call. It means holding a business meeting without leaving your living room.

Al Gore, Dezember 1993

Eine etwas eigene Rolle nehmen die sogenannten Set-Top-Systeme oder auch Set-Top-Boxen ein. Hierbei handelt es sich um spezielle Dekoder, die z.B. an ein Fernsehgerät angeschlossen werden[9], um dieses normalerweise unidirektionale Medium zum Kommunikationszentrum mit Rückkanal zu erweitern. Durch diesen Rückkanal können dann interaktive Dienste wie z.B. „Video on Demand", „Electronic Banking" oder „Electronic Shopping" realisiert werden.

Abbildung 17: Set-Top-Box

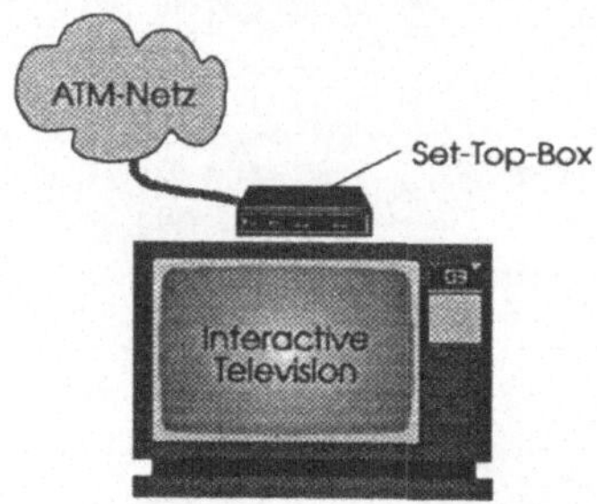

Zur Steuerung der Set-Top-Box wird ein relativ kleines, auf die konkrete Anwendung speziell optimiertes Betriebssystem eingesetzt, das teilweise in der Box, teilweise auf dem Server abläuft. Dabei ist die Box über ein breitbandiges Netz, das sowohl diskrete als auch kontinuierliche Daten transportie-

9 Der Name Settop kommt von „set on top" und heißt übersetzt „oben drauf stellen", da diese Boxen meist auf das Fernsehgerät gestellt werden.

ren kann, angeschlossen. Besonders geeignet ist hierfür die sogenannte ATM-Technologie (Asynchronous Transfer Mode), bei der Daten in kleinen Zellen gleicher Größe übertragen werden. Die Bedienung der Set-Top-Box erfolgt über eine spezielle Infrarot-Fernbedienung.

Set-Top-Systeme sind zwar keine speziellen Kioskplattformen, sondern werden vielmehr dazu eingesetzt, interaktives Fernsehen auf einer breiten Basis in den Haushalten zu etablieren. Da sie jedoch in bezug auf die eingesetzten Anwendungen und die Zielgruppen sehr viel Gemeinsamkeiten mit Kiosksystemen haben, werden sie an dieser Stelle erwähnt.

Denkbar ist auch, daß eine Art Set-Top-Systeme in Zukunft genutzt werden, um einfach und kostengünstig Kiosksysteme „von der Stange“ zu entwickeln. Es gibt Standardisierungsbemühungen, z.B. im Rahmen der Multimedia Hypermedia Information Coding Experts Group (MHEG), die sich damit beschäftigen, interaktive multimediale Anwendungen in einem standardisierten Format beschreiben zu können. In der Form spezifizierte Anwendungen könnten dann auf unterschiedlichsten Plattformen, z.B. auch in einer Set-Top-Box ablaufen.

6 Distributed Multimedia Kiosk Service (DMKS)

Science is organized knowledge.
Wisdom is organized life.

Immanuel Kant

In diesem Kapitel wird ein Prototyp für einen Verteildienst für multimediale Kioskanwendungen, der sogenannte Distributed Multimedia Kiosk Service, vorgestellt. Dieses System wurde am European Networking Center der IBM in Heidelberg vom Autor entwickelt [16] und in einer Beispielanwendung eingesetzt.

6.1 Motivation

Um eine verteilte multimediale Kioskanwendung entwickeln zu können, wird neben einer leistungsfähigen Authoringsoftware auch ein Verteildienst für multimediale Daten benötigt. Heutige Authoringpakete (vgl. Kapitel 5) bieten meist nur lokale Integrationsmöglichkeiten, multimediale Elemente in eine Kioskanwendung aufzunehmen. Aufgrund dieser Situation entstand die Idee, einen Verteildienst speziell für verteilte multimediale Kioskanwendungen zu entwickeln, der unabhängig von der verwendeten Authoringsoftware universell eingesetzt werden kann.

Folgende Kriterien wurden als Grundlage für den Entwurf dieses Dienstes, anhand der speziellen Anforderungen eines Kiosksystems, erarbeitet:

- **Zugriff auf verteilte Audio/Video-Daten**, d.h. ein oder mehrere Server stellen solche Daten zur Verfügung.
- **Verteilungstransparenz**, d.h. der Dienstbenutzer sollte nicht unbedingt wissen müssen, welcher Server Daten

anbietet und auf welchem Server welche Daten zu finden sind. Optional sollte aber die gezielte Anfrage an einen bestimmten Server durchaus möglich sein, um z.B. die Live-Übertragung von AV-Daten von einer Kamera eines bestimmten Servers zu erlauben.

- **Darstellungstransparenz**, d.h. der Dienstbenutzer muß sich nicht um die Darstellung der Audio/Video-Daten kümmern.
- **Möglichkeit zur Steuerung der Präsentationsattribute**, d.h. Größe, Position, Lautstärke, Geschwindigkeit, etc. sollen vom Dienstbenutzer gesteuert werden können.
- **Unabhängigkeit von der Authoringsoftware**, d.h. der angebotene Dienst sollte so konzipiert sein, daß er weder von bestimmten Formaten, noch von der Dienstschnittstelle der Authoringsoftware abhängig ist.
- **Einfache und universell einsetzbare Schnittstelle**.

Mit Hilfe dieser Kriterien wurde ein Szenario entworfen, das aufgrund der speziellen Eignung und Ausrichtung auf verteilte multimediale Kioskanwendungen **DMKS - Distributed Multimedia Kiosk Service** - genannt wurde.

6.2 Systemarchitektur

Um die im vorangegangenen Kapitel angesprochenen Kriterien erfüllen zu können, wurde eine Systemarchitektur entwickelt, die auf folgenden Komponenten aufbaut:

- Mehrere **DMK-Server** stellen Audio/Video-Daten zur Verfügung.
- Mehrere **DMK-Clienten** können diese Audio/Video-Daten abrufen.
- Ein **DMK-Manager** koordiniert DMK-Server und DMK-Clienten und stellt u.a. die Verteilungstransparenz sicher.

Für den Transport der Audio/Video-Daten über das Netzwerk wurde ein Transport- und Darstellungsdienst, der die speziellen Anforderungen multimedialer Daten unterstützt, benötigt.

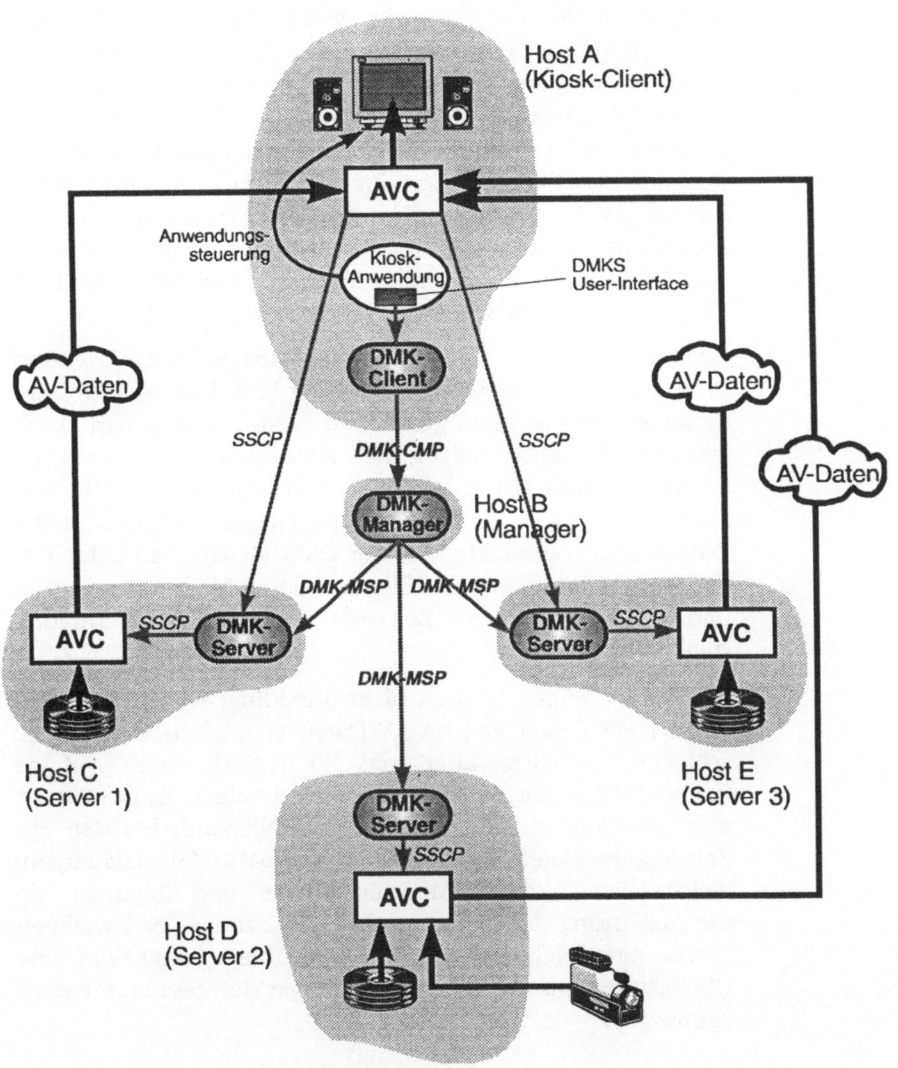

Abbildung 18: DMKS-System

Hierzu wurde eine Komponente aus einem anderen Projekt, dem BERKOM-MMC[10]-Projekt, verwendet. Diese Komponente, die sogenannte Audio-Video-Component (AVC), ermöglicht den garantierten Transport von Audio/Video-Daten von DMK-Server zu DMK-Clienten, sowie die transparente Präsentation der Daten (Darstellungstransparenz) auf dem Rechner des Clienten. Das Protokoll, das verwendet wird, um die AVCs steuern und kontrollieren zu können, ist das sogenannte Source and Sink Control Protocol (SSCP). Die Audio/Video Daten werden über ein spezielles AV-Data Protokoll direkt zwischen den AVCs ausgetauscht.

Zwischen DMK-Clienten und DMK-Manager ist ein weiteres Protokoll, das DMK-Client-Manager-Protokoll (DMK-CMP) definiert. Entsprechend gibt es ein Protokoll zwischen DMK-Server und DMK-Manager, das sogenannte DMK-Manager-Server-Protokoll (DMK-MSP). Da sich sowohl DMK-Clienten als auch DMK-Server über die jeweiligen Protokolle beim DMK-Manager anmelden, ist der DMK-Manager zu jeder Zeit darüber im Bilde, welche Clienten den DMK-Service nutzen und welche Server zur Zeit ihre AV-Daten zur Verfügung stellen.

Die DMK-Clienten müssen nicht unbedingt wissen, auf welchem DMK-Server welche AV-Daten angeboten werden, sie schicken lediglich über das DMK-CMP eine Anfrage (parametrisiert mit einer netzweit eindeutigen DMKS-ID) an den DMK-Manager. Dieser wird anschließend, bei den zur Zeit angemeldeten Servern, über das DMK-MSP nachfragen, welcher Server diese DMKS-ID anbietet, und abhängig von der Auslastung des Netzes und der Belastung der jeweiligen Server, einen geeigneten Server auswählen. Somit wird eine Überlastung einzelner Server oder sogar des gesamten Netzes vermieden.

10 BERKOM-MMC steht für Berliner Kommunikationsprojekt, Multimedia Communication und ist ein Breitband-ISDN Versuchsprojekt unter der Führung der DeTeBerkom, einer Consulting Firma der Deutschen Telekom.

Die DMK-Server warten, nachdem sie sich über das DMK-MSP beim DMK-Manager angemeldet haben, auf Anfragen der Managers. Wird eine bestimmte DMKS-ID bei einem Server angefragt und ist die Datei mit dieser DMKS-ID auf diesem Server verfügbar, baut er über das SSCP eine Verbindung zur AVC auf dem eigenen Rechner, und zur AVC auf dem Rechner des (über den Manager) anfragenden Clienten, auf.

Anschließend wird eine AV-Verbindung zwischen den beiden AVCs etabliert, und die Übertragung der AV-Daten vom Server zum Client und die Darstellung dieser Daten auf dem Rechner des Clienten beginnt.

In der Abbildung 18 wird das Szenario des DMK-Service mit einem DMK-Clienten, einem DMK-Manager und drei DMK-Servern noch einmal anhand einer Grafik veranschaulicht.

Um die Unabhängigkeit von der darüberliegenden Anwendung (bzw. der Authoringsoftware) zu erreichen, wurde ein spezieller Mechanismus entwickelt, mit Hilfe dessen die Kiosk-Anwendung mit einem DMKS-Interface-Modul über die Betriebssystem-Shell Befehle absetzen kann, die dann über einen lokalen Unix-Socket an das DMK-Client Modul weitergegeben werden.

Dieser Mechanismus ist notwendig, da sich das DMK-Client-Modul gewisse Zustandsinformationen, z.B. bzgl. der Verbindung zum DMK-Manager oder bzgl. der momentanen Zustände angefragter AV-Daten, merken muß und deshalb der Prozeß nach einem DMK-Befehl nicht terminieren darf. Auf der anderen Seite ist es notwendig, nach Absetzen eines Befehls über die Betriebssystem-Shell zur aufrufenden Anwendung zurückzukehren, um die Kontrolle wieder an diese übergeben zu können. Eine detaillierte Beschreibung dieses Mechanismus wird in Kapitel 6.4.1 gegeben. Dort wird auch die Möglichkeit des direkten Zugangs zum DMK-Client über eine spezielles Application Programming Interface (API) beschrieben.

In Abbildung 19 wird die DMKS-Architektur zur Veranschaulichung noch einmal abstrakt dargestellt.

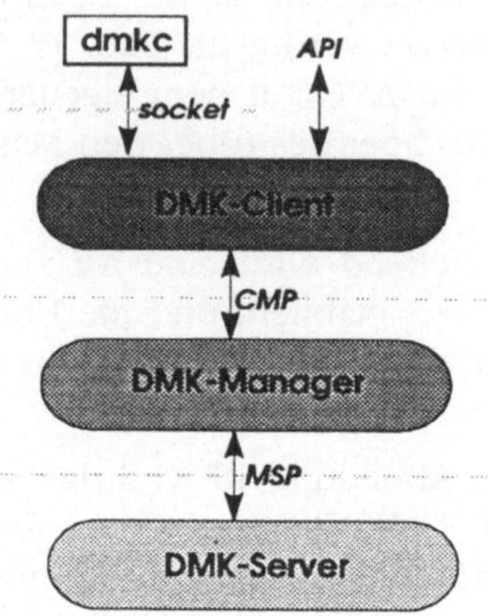

Abbildung 19: DMKS-Architektur (abstrakt)

6.3 Protokolle und Spezifikation

Damit die verschiedenen DMK-Module geordnet miteinander kommunizieren können, sind eindeutige Kommunikationsprotokolle notwendig. In den folgenden Absätzen werden die für den DMK-Service entwickelten DMKS-Protokolle und deren Spezifikation und Implementierung vorgestellt.

6.3.1 DMK-CM-Protokoll

Wie bereits erwähnt, kommunizieren die DMK-Clienten mit den DMK-Managern über das DMK-Client-Manager-Protokoll. Der DMK-Manager kommuniziert seinerseits mit den DMK-Servern über das DMK-Manager-Server-Protokoll. Die DMK-Clienten müssen demnach nur ein Protokoll, ein DMK-Manager jedoch zwei verschiedene Protokolle gleichzeitig und pro Protokoll mehrere Instanzen gleichzeitig bedienen können. Die DMK-Server müssen sowohl über das DMK-MSP als auch über das SSCP kommunizieren können.

Bevor eine Feinspezifikation des DMK-CM-Protokolls, das mit ISODE[11]-ROSE[12] realisiert wurde, gemacht werden kann, ist eine Grobspezifikation, die die gewünschte Funktionalität des Protokolls festlegt, notwendig.

Folgende Operationen werden im DMK-CMP zwischen DMK-Client und DMK-Manager benötigt:

- **Bind**: Überprüft Userid, Paßwort und Versionsnummer des DMK-Clienten und bindet den DMK-Clienten an einen DMK-Manager. Erst nach erfolgreichem Bind darf ein Client alle anderen Operationen ausführen.
- **List**: Listet alle zu einer Zeit abrufbaren Titel aller angeschlossenen Server auf. Hierzu ist es nützlich und sinnvoll, die Auswahl durch Angabe von Selektionskriterien einzuschränken.
- **Play**: Fordert das Abspielen eines Titels beim DMK-Manager an. Mit dem Aufruf dieser Operation sollten die Präsentationsattribute gesetzt werden, die Angabe eines DMK-Servers ist optional. Wird dieser nicht angegeben, bestimmt der DMK-Manager einen geeigneten Server.
- **Pause**: Wechselt zwischen dem Zustand „Running“ und „Pause“ eines momentan ablaufenden Titels.
- **Stop**: Beendet das Abspielen eines Titels.
- **Unbind**: Beendet die Verbindung zwischen DMK-Client und DMK-Manager.

Wie aus der Liste der Operationen bereits ersichtlich, ist der Umfang der Befehle leicht überschaubar und die Semantik aus den Befehlsnamen leicht abzulesen. Auf der anderen Seite sind zu den Operationen verschiedene optionale Parameter vorgesehen, die eine detailliertere Beschreibung ihres Verhaltens erlauben. Dadurch kann eine einfache, leicht

---

11 ISODE steht für ISO Development Environment und ist eine Entwicklungsumgebung, um OSI konforme Anwendungen entwickeln und implementieren zu können [35,36,37,38].

12 ROSE steht für Remote Operation Service Element und ist ein Anwendungsdienstelement der OSI Schicht 7 zur Implementierung entfernter Operationen [34].

verständliche aber durchaus leistungsfähige Schnittstelle zum DMK-Service angeboten werden.

Die Feinspezifikation des DMK-CM-Protokolls, die sich aus den obigen Anforderungen (der Grobspezifikation) ergab, wurde in RO-Notation[13] gemacht. Diese Spezifikation ist in Anhang A: DMK-CM-Protokoll nachzulesen.

Tabelle 8: DMK-CMP-Feinspezifikation

Operation	Argument(e)	Ergebnis	Fehler
CMP_Bind	username (m) password (m) version (o)	None	invalidPassword alreadyBound versionMismatch systemError
CMP_List	dmksid (o) server (o) avmode (o) avsource (o) title (o) info (o) sort (o)	Sequence of AVObjects	notBound serverUnknown systemError
CMP_PLay	dmksid (m) server (o) attributes (o)	DMKS_Handle	notBound dmksidUnknown noServer serverUnknown formatNotSupported sscpError systemError
CMP_Pause	handle (m)	None	notBound invalidHandle sscpError systemError
CMP_Stop	handle (m)	None	notBound invalidHandle sscpError systemError
CMP_Unbind	None	None	notBound systemError

Legende: (o) optional
(m) mandatory

[13] Die RO-Notation ist eine spezielle Ausprägung der Abstract Syntax Notation One (ASN.1) zur Spezifikation entfernter Operationen [34].

Tabelle 8 zeigt nocheinmal eine zusammengefaßte Auflistung der Argumente, Ergebnisse und Fehler der Operationen des DMK-CM-Protokolls.

6.3.2 DMK-MS-Protokoll

Die Operationen, die zwischen DMK-Manager und DMK-Server im DMK-MSP benötigt werden, sind von der Semantik her ähnlich denen im DMK-CMP; die konkrete Implementierung und die benötigten Parameter unterscheiden sich jedoch vom DMK-CMP zum Teil erheblich. Auch hier wurde zunächst in einer Grobspezifikation die gewünschte Funktionalität des Protokolls festgelegt, bevor eine Feinspezifikation für ISODE-ROSE vorgenommen wurde.

Folgende Operationen werden im DMK-MSP zwischen DMK-Manager und DMK-Server benötigt:

- **Bind**: Überprüft Userid, Paßwort und Versionsnummer eines DMK-Servers und bindet den DMK-Server an den DMK-Manager. Erst nach erfolgreichem Bind kann der Server seine Dienste zur Verfügung stellen.
- **List**: Über diese Operation fragt der DMK-Manager beim DMK-Server nach den verfügbaren AV-Titeln. Die vom DMK-Clienten beim DMK-Manager angegebenen Selektionskriterien werden vom DMK-Manager an den DMK-Server weitergereicht.
- **Play**: Fordert das Abspielen eines bestimmten Titels beim DMK-Server an. Sowohl die Präsentationsattribute als auch der Hostname des DMK-Clienten, auf dem der Titel abgespielt werden soll, werden als Parameter vom DMK-Manager übergeben.
- **Pause**: Wechselt zwischen dem Zustand „Running" und „Pause" eines momentan ablaufenden Titels.
- **Stop**: Beendet das Abspielen eines Titels.
- **Unbind**: Beendet die Verbindung zwischen DMK-Server und DMK-Manager.

Der Hauptunterschied zwischen DMK-CMP und DMK-MSP liegt darin, daß beim DMK-CMP alle Operationen vom DMK-Clienten angefordert und vom DMK-Manager ausgeführt werden, beim DMK-MSP aber nur MSP_Bind und MSP_Unbind. In ROSE Terminologie ist der DMK-Client beim DMK-CMP also immer der *Invoker* und der DMK-Manager immer der *Performer*. Im DMK-MSP ist der DMK-Server nur bei den Operationen MSP_Bind und MSP_Unbind der *Invoker*, alle anderen Operationen werden vom DMK-Manager beim DMK-Server angefordert, wobei der DMK-Server dann die Rolle des *Performers* übernimmt.

Allerdings sind sowohl DMK-Client als auch DMK-Server in ROSE-Terminologie die sogenannten *Initiators* einer Association (wie Verbindungen im OSI-Referenzmodell auf Schicht 7 genannt werden), der DMK-Manager ist immer der sogenannte *Responder*.

Die Feinspezifikation des DMK-MS-Protokolls, die sich aus der Grobspezifikation ergibt, wurde wiederum in RO-Notation gemacht. Diese Spezifikation ist in Anhang B: DMK-MS-Protokoll nachzulesen.

Eine zusammengefaßte Auflistung der Argumente, Ergebnisse und Fehler der Operationen des DMK-MS-Protokolls wird in folgender Tabelle vorgestellt:

Tabelle 9: DMK-MSP-Feinspezifikation

Operation	Argument(e)	Ergebnis	Fehler
MSP_Bind	username (m) password (m) version (o)	None	invalidPassword alreadyBound versionMismatch systemError
MSP_List	dmksid (o) avmode (o) avsource (o) title (o) info (o)	Sequence of AVObjects	notBound serverUnknown systemError
MSP_PLay	dmksid (m) handle (m) client (m) attributes (o)	None	notBound dmksidUnknown clientUnknown formatNotSupported sscpError systemError
MSP_Pause	handle (m)	None	notBound invalidHandle sscpError systemError
MSP_Stop	handle (m)	None	notBound invalidHandle sscpError systemError
MSP_Unbind	None	None	notBound systemError

Legende: (o) optional
(m) mandatory

6.4 Implementierung

In den nächsten Kapiteln werden einige Punkte zur Implementierung der DMKS-Module erläutert. Zunächst wird der DMK-Client, der in zwei Module aufgeteilt wurde, anschließend der DMK-Manager und am Ende der DMK-Server vorgestellt.

6.4.1 DMK-Client

Wie bereits angesprochen, wurde der DMK-Client in zwei getrennten Modulen implementiert. Das erste Modul ist das sogenannte dmkc-Modul, das die Schnittstelle zur Betriebsystem-Shell darstellt. Dieses Modul nimmt DMKS-Befehle als Kommandozeilen-Parameter entgegen und sendet diese per Interprozesskommunikation, in diesem Fall einen lokalen Socket, an das zweite Modul, das sogenannte dmk-client-Modul. Dieses Modul empfängt über diesen Socketmechanismus die DMKS-Befehle, führt sie über das DMK-CM-Protokoll aus und sendet die Ergebnisse (oder Fehler) wieder an das dmkc-Modul. Dieses Modul gibt die Ergebnisse anschließend über die Standardausgabe aus und terminiert (Abbildung 20).

Abbildung 20: DMK-Client

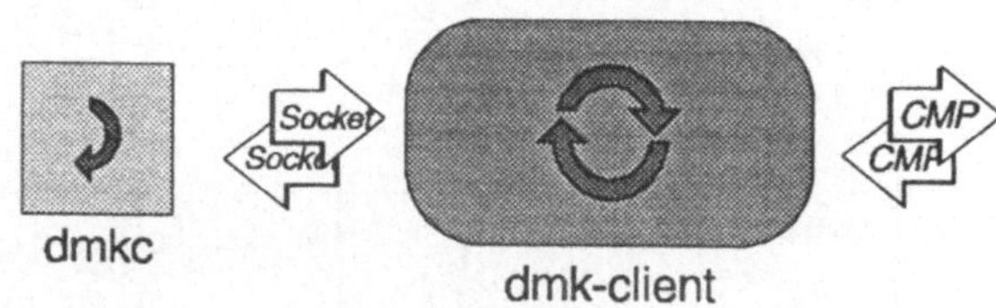

Das dmk-client-Modul stellt nach dessen Aufruf also zunächst über das Association Control Service Element (ACSE) eine Verbindung zum DMK-Manager her, dessen Hostname über einen Kommandozeilen-Parameter angegeben werden muß. Anschließend wird besagter Socket geöffnet und auf diesem Socket auf eine Eingabe vom dmkc-Modul gewartet.

Diese Eingabe ist die Zeichenkette, die dem dmkc-Modul als Kommandozeilen-Parameter übergeben wurde. Im dmkc-Modul findet keinerlei syntaktische Analyse der übergebenen Befehle statt. Die Befehle werden ungeprüft an das dmk-client Modul gesendet und erst dort ausgewertet.

Nach erfolgreicher Auswertung des DMKS-Befehls wird der entsprechende Befehl vom dmk-client-Modul entweder lokal ausgeführt (z.B. Änderung der Präsentationsattribute mit dem Befehl control) oder über das DMK-CMP an den DMK-Manager gesendet. Im letzteren Fall führt der DMK-Manager den Befehl entweder lokal (z.B. CMP_Bind) oder per DMK-MS-Protokoll aus und sendet das Ergebnis zurück an das dmk-client-Modul. Diese gibt - wiederum über den Socketmechanismus - die Ergebnisse an das dmkc-Modul weiter. Das dmkc-Modul gibt dann, wie beschrieben, die Ergebnisse über die Standardausgabe aus und terminiert anschließend. Das dmk-client-Modul wartet dagegen in einer Schleife auf den nächsten Befehl, wodurch wichtige Zustandsinformationen über die Ausführung eines Befehls hinaus im Programm gehalten werden können.

Die Entscheidung, das dmk-client-Modul so zu implementieren, daß die gesamte Befehlsverarbeitung, vom Parsen des DMKS-Befehls bis hin zur Syntaxüberprüfung, in diesem Modul vorgenommen wird, wurde u.a. deshalb getroffen, damit andere Programme, die den DMK-Service nutzen wollen, über ein Application Programming Interface (API) direkt die Funktionen des dmk-client-Modul einbinden können und nicht über den Socketmechanismus, der nur als DMKS-Schnittstelle über die Betriebssystem-Shell gedacht ist, mit dem dmk-client-Modul kommunizieren müssen (vgl. Abbildung 19 auf Seite 100).

Bevor nun die Syntax der DMKS-Befehle an der dmkc-Schnittstelle genauer beschrieben wird, werden die Implementierungen der beiden anderen DMKS-Module (DMK-Manager und DMK-Server) vorgestellt, um einen Überblick über das gesamte System zu erhalten.

6.4.2 DMK-Manager

Das DMK-Manager-Modul dmk-mngr ist der Koordinator zwischen den DMK-Clienten und den DMK-Servern. Es wickelt sowohl das DMK-CMP, als auch das DMK-MSP ab (Abbildung 21).

Abbildung 21: DMK-Manager

Prinzipiell genügt ein DMK-Manager, um den DMK-Service nutzen zu können. Nahezu beliebig viele DMK-Clienten und DMK-Server können über einen einzigen DMK-Manager koordiniert werden. Der DMK-Manager kann auf einem beliebigen Rechner installiert werden, z.B. auch auf einem Rechner, auf dem ein DMK-Client läuft oder auch auf einem Rechner, auf dem ein DMK-Server läuft .

Wie bereits angedeutet wurde, wechseln die Rollen im MSP nach erfolgreichem MSP_Bind auf Seiten des DMK-Servers vom Invoker zum Responder und auf Seiten des DMK-Managers vom Responder zum Invoker. Diese Rollenverteilung bleibt bis zu einem MSP_Unbind erhalten und dreht sich dafür wieder um.

Der Sinn dieser Umkehrung ist, daß der Manager im Prinzip als eine passive Instanz implementiert werden konnte. Er braucht keine Information darüber zu haben, zu welcher Zeit welcher DMK-Client den DMK-Service in Anspruch nehmen will oder welcher DMK-Server den Dienst anbieten kann, sondern wartet (passiv) auf die Anmeldung der jeweiligen Instanzen.

Zum Zeitpunkt eines CMP_Bind_Requests wird in einer speziellen Datenbank nachgesehen, ob der jeweilige Benutzer mit dem angegebenen Paßwort autorisiert ist, den DMK-Service als Client zu nutzen. Anschließend wird die optionale Versionsnummer, sofern angegeben, überprüft. Bei erfolgreicher Überprüfung, ist der DMK-Client an den DMK-Manager gebunden und kann über weitere DMK-Requests den Service in Anspruch nehmen.

Die Anmeldung der DMK-Server erfolgt auf die gleiche Weise. Auch hier wird in einer Datenbank nachgesehen, ob der jeweilige Benutzer mit dem angegebenen Paßwort und der optional angegebenen Versionsnummer berechtigt ist, dem DMK-Service als Server zur Verfügung zu stehen.

Erst ab diesem Moment, d.h. wenn sich sowohl mindestens ein DMK-Client als auch mindestens ein DMK-Server beim

DMK-Manager angemeldet haben, kann der DMK-Service in Anspruch genommen werden.

Spezifiziert ein DMK-Client beim Aufruf eines CMP-Play keinen Server, löst der DMK-Manager eine Reihe von MSP-List-Requests bei allen angeschlossenen DMK-Servern aus, um festzustellen, ob und wenn ja, welcher der Server den gewünschten Titel anbieten kann. Anschließend kann anhand verschiedener Parameter vom DMK-Manager entschieden werden, an welchen Server dann der eigentliche MSP-Play-Request gesendet wird.

Die Parameter zur Bestimmung eines geeigneten Servers durch den DMK-Manager können dabei sein:

- Auslastung der verschiedenen DMK-Server.
- Auslastung des Netzes zwischen DMK-Server und DMK-Client.
- Kosten der Verbindung zwischen DMK-Server und DMK-Client.
- Entfernung zwischen DMK-Server und DMK-Client.
- Geschwindigkeit der Verbindung zwischen DMK-Server und DMK-Client.
- Fehlerwahrscheinlichkeit der Verbindung zwischen DMK-Server und DMK-Client.

Auch im laufenden Betrieb können sich DMK-Clienten und DMK-Server jederzeit beim DMK-Manager abmelden. Für die DMK-Clienten bedeutet dies, daß die Menge, der zu einem Zeitpunkt zur Verfügung stehenden AV-Titel, im Prinzip nie genau vorherzusagen ist. Ein CMP_List_Request gibt jedoch immer Auskunft über den aktuellen Stand.

6.4.3 DMK-Server

Das DMK-Server-Modul dmk-server stellt die Schnittstelle zwischen DMK-Service und dem Source and Sink Control Protocol (SSCP) dar. Ein DMK-Server nimmt Anfragen (z.B. MSP_Play_Requests) des DMK-Managers entgegen und verwaltet anschließend selbständig und eigenverantwortlich die

Abwicklung des SSCPs mit der AVC auf dem DMK-Client-Rechner und der AVC auf dem eigenen, dem DMK-Server-Rechner (Abbildung 22). Nachdem die SSCP-Aufrufe abgeschlossen sind, wird das Ergebnis der Operationen dem DMK-Manager mitgeteilt, der anschließend den DMK-Client informiert.

Abbildung 22: DMK-Server

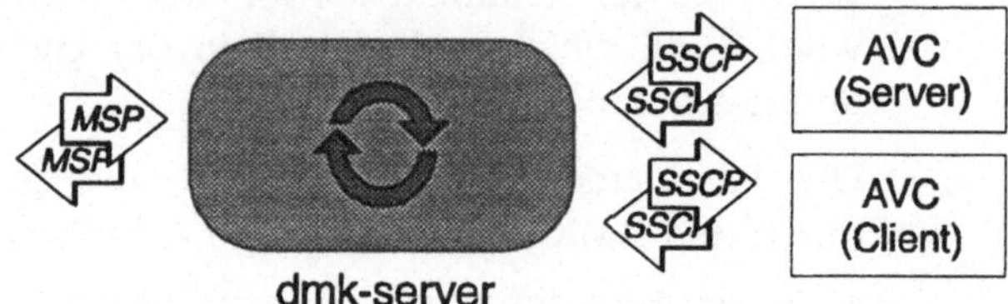

Eine MSP_Play-Anfrage beim DMK-Server enthält als Parameter immer eine eindeutige DMKS_ID, die angibt, welcher AV-Titel beim DMK-Clienten abgespielt werden soll. In einer Datenbank kann der DMK-Server nachsehen, welche AV-Datei bzw. welches Device[14] zu dieser DMKS-ID gehört, in welchem AV-Mode der Titel abgespielt werden soll (Audio-Only, Video-Only oder Audio-Video) und in welchem Format die Datei abgespeichert ist. Anhand dieser Informationen können dann die Parameter der SSCP-Aufrufe entsprechend gesetzt werden.

Um zu vermeiden, daß der DMK-Manager Informationen darüber haben muß, welche DMK-Server zu welcher Zeit bereit sind, ihre AV-Daten dem DMK-Service zur Verfügung zu stellen, geht der erste DMK-MSP-Aufruf (MSP_Bind) - wie bereits erwähnt - vom DMK-Server aus. Nach erfolgreichem Bind geht der DMK-Server in einen Wartezustand über und wartet auf Anfragen des DMK-Managers.

---

14 Dies könnte z.B. eine Kamera oder ein Mikrofon an einem entfernten DMK-Server sein.

6.4.4 Benutzung des DMK-Services

In diesem Abschnitt wird an einem konkreten Anwendungsbeispiel die Benutzung des DMK-Services vorgestellt. Für dieses Beispiel wird der besseren Anschauung wegen das Szenario aus Kapitel 6.2 Abbildung 18 auf Seite 97. verwendet. Es besteht aus einem DMK-Client, einem DMK-Manager und drei DMK-Servern. Als abstrakte Hostnamen werden *kiosk*, *mngr*, *server1*, *server2* und *server3* verwendet (in Abbildung 18 sind diese entsprechend als Host A, Host B, Host C, Host D und Host E bezeichnet).

Um den DMK-Service zu starten, muß zuerst immer das DMK-Manager-Modul gestartet werden. Auf dem Rechner *mngr* ist deshalb folgendes Kommando einzugeben:

```
dmk-mngr
```

Anschließend kann auf den DMK-Server-Rechnern *server1*, *server2* und *server3* jeweils das DMK-Server-Modul gestartet werden. Im Beispiel verwenden wir dafür die Userid „whd" und das Paßwort „demo":

```
dmk-server -manager mngr -user whd -password demo
```

Nach dem Starten der Servermodule wird automatisch ein MSP_Bind an den DMK-Manager gesendet, dieser überprüft die konkreten Angaben in seiner Datenbank und anschließend meldet der DMK-Server mit:

```
Waiting for DMK-Manager-Requests ...
```

seine Bereitschaft. Danach muß auf jedem Server die AVC gestartet werden, dies geschieht durch Eingabe von:

```
avc
```

Auf dem DMK-Client-Rechner (*kiosk*) kann nun wie folgt das DMK-Client-Modul aufgerufen werden:

```
dmk-client -manager mngr
```

Der DMK-Client meldet sich anschließend mit:

```
Waiting for requests of dmkc ...
```

und wartet über den bereits beschriebenen Socketmechanismus auf Befehle des dmkc-Moduls. Wie auf den Servern muß auch auf dem DMK-Client die AVC gestartet werden. Der Aufruf ist entsprechend dem bei den Servern (s.o.).

Wurden alle Module erfolgreich gestartet, kann über das dmkc-Modul der DMK-Service angesprochen werden.

Die Syntax für diese Modul ist:

```
dmkc <dmks-command> <parameter>
```

Der Parameter `<dmks-command>` kann dabei einen der folgenden Werte annehmen:

- `help`
- `bind`
- `list`
- `play`
- `pause`
- `control`
- `stop`
- `unbind`

Die jeweiligen Parameter, die über `<parameter>` angegeben werden müssen, können durch den Aufruf:

```
dmkc <dmks-command> help
```

interaktiv abgefragt werden. Der Aufruf von dmkc help gibt eine Gesamtübersicht über alle DMKS-Befehle am Bildschirm aus. Diese Ausgabe ist in Anhang C: Hilfe des DMKC-Moduls abgedruckt.

Bevor einem Benutzer des DMK-Services alle Befehle in vollem Umfang zur Verfügung stehen, muß er sich mit dem Kommando `bind` beim DMK-Service anmelden. Im Beispiel verwenden wir dafür wiederum die Userid „whd" und das Paßwort „demo":

```
dmkc bind -user whd -password demo
```

Bei erfolgreicher Überprüfung von Userid und Paßwort durch den DMK-Manager, wird folgende Meldung ausgegeben:

```
CMP-Bind-Confirm (Connid:1)
```

Normalerweise möchte ein Benutzer zuerst einmal wissen, welche Titel zur Zeit abgespielt werden können. Dazu gibt er den Befehl:

```
dmkc list
```

ein und erhält eine Liste zurück, die für jeden Datensatz das folgende Format hat:

```
------------------------------------------------
RECORDNO.: <recno>
DMKSID   : <dmksid>
TITLE    : <title>
INFO     : <info>
AVMODE   : <avmode>
AVSOURCE : <avsource>
SERVER   : <server-list>
------------------------------------------------
```

Das Suchergebnis kann durch die Angabe von Suchkriterien eingeschränkt werden. Dazu ist es möglich, jedes Feld eines solchen Datensatzes mit Hilfe sogenannter Regular Expressions näher zu spezifizieren und z.B. nach ganz bestimmten Titeln oder nur nach ganz bestimmten AV-Modes zu suchen. Durch die zurückgelieferte DMKS-ID kann jeder Titel, der über den DMK-Service auf einem der DMK-Server (oder auch auf mehreren Servern gleichzeitig) vorhanden ist und den angegebenen Suchkriterien entspricht, eindeutig identifiziert werden. Möchte man einen Titel (im Beispiel wird das Video mit der DMKS-ID V001 verwendet) abspielen, gibt man folgenden Befehl ein:

```
dmkc play -dmksid V001 -x 100 -y 200 -w 320 -h 240
```

Ist die angegebene DMKS-ID auf einem der DMK-Server verfügbar (und der Server nicht mit anderen Aufgaben beschäftigt), wird der Titel, in diesem Fall das Video, an der X-Position 100, der Y-Position 200 mit einer Fenstergröße von 320x240 Bildpunkten abgespielt und folgende Meldung ausgegeben:

```
CMP-Play-Confirm (Handle:1)
```

Der zurückgelieferte Handle (im Beispiel ist das die 1) ist die für diese Sitzung und diesen Titel eindeutige Kennung. Weitere Befehle, die sich auf diesen Kontext beziehen, benötigen diesen Handle als Parameter. Im Beispiel kann man mit dem Befehl:

```
dmkc pause -handle 1
```

das laufende Video anhalten. Bei erfolgreicher Befehlsausführung durch DMK-Manager und DMK-Server wird dies mit der Meldung:

```
CMP-Pause-Confirm (PAUSE).
```

quittiert. Mit demselben Befehl (dmkc pause) kann das Video wieder gestartet werden, wobei dann die Meldung:

```
CMP-Pause-Confirm (RUNNING).
```

erscheint. Um das Video zu beenden, muß man folgendes Kommando eingeben:

```
dmkc stop -handle 1
```

Dies wird dann bestätigt mit

```
CMP-Stop-Confirm.
```

Dieses kleine Beispiel hat bereits deutlich gemacht, wie über die relativ einfache DMKS-Schnittstelle der Zugriff auf verteilte AV-Daten und deren Präsentation möglich ist. Durch eine Vielzahl weiterer Parameter, die nicht in dieses Beispiel eingeflossen sind, stehen dem Benutzer noch weitere interessante Möglichkeiten offen. Das Beispiel hat aber auch gezeigt, daß es sehr einfach möglich ist, den DMK-Service in andere Anwendungen zu integrieren, da eine Schnittstelle zur Betriebssystem-Shell, und somit die Möglichkeit, Befehle über das dmkc-Modul abzusetzen, fast überall vorhanden ist.

6.5 Beispielanwendung

Abschließend für dieses Kapitel wird als Beispiel die Implementierung einer verteilten multimedialen Kioskanwendung unter Verwendung des DMKS auf einer AIX Plattform vorgestellt.

Als Authoring Tool zur Entwicklung der Kioskanwendung wurde GainMomentum der Firma Gain Technology eingesetzt. GainMomentum ist ein objektbasiertes System zur Entwicklung von Hypermedia-Anwendungen. Es stellt eine intuitiv zu verwendende grafische Benutzerschnittstelle und eine objektorientierte Skript-Sprache auf sehr hohem Abstraktionsniveau, die sogenannte Gain Extension Language (GEL), zur Verfügung. Anwendungen, die mit GainMomentum entwickelt werden, können auf eine Reihe unterschiedlicher Datentypen zurückgreifen sowie Daten aus SQL-Datenbanken importieren. GainMomentum ist für eine Vielzahl von Unix-Plattformen verfügbar, unter anderen auch für AIX.

In der für dieses Beispiel verwendeten Version 1.0e wurde zwar bereits eine Integration von Audio-Daten angeboten, jedoch wurden diese Audio-Daten auf dem lokalen Dateisystem in derselben Datenbank abgespeichert, in der auch alle anderen Daten gespeichert sind, die mit der Anwendung zusammenhängen. Es war mit dieser Version also weder eine Verteilung der Audio-Daten noch eine Integration von Video-Daten möglich.

Die Integration von DMKS, in die mit GainMomentum entwickelte Kioskanwendung, wurde über den Aufruf des dmkc-Moduls als externes Programm realisiert. Gain bietet die Möglichkeit, als Reaktion auf ein bestimmtes Ereignis neben den zahlreichen internen Aktionen auch ein externes Programm aufrufen zu können. Dieses kann entweder blokkierend, d.h. im Vordergrund, oder nicht blockierend, d.h. im Hintergrund, ausgeführt werden. Wird das Programm blockierend aufgerufen, wartet GainMomentum solange, bis dieses Programm terminiert und übernimmt erst dann wieder die Kontrolle. Der Rückgabewert sowie die Ausgaben des aufgerufenen Programms über die Standardausgabe werden in speziell dafür vorgesehenen Variablen abgelegt und können anschließend im GEL-Programm weiterverarbeitet werden.

An dieser Stelle sei noch einmal deutlich hervorgehoben, daß DMKS in keiner Weise auf dieses spezielle Tool angewiesen ist. Prinzipiell können beliebige Anwendungen verwendet werden, die entweder eine Programmierschnittstelle zur Programmiersprache C anbieten oder eine Möglichkeit haben, externe Programme aus der Anwendung heraus aufzurufen und Ergebnisse entgegenzunehmen.

Ohne näher auf die Gain Extension Language eingehen zu wollen (siehe dazu [13]), folgt hier ein kleines Beispiel, das an das obige DMKS-Beispiel angelehnt wurde:

Zunächst das GEL-Skript, das als sogenannter Handler in der Anwendung installiert wurde und beim Drücken eines bestimmten Buttons automatisch aufgerufen wird:

```
OnButtonPressed
  rc = run("dmkc bind -user whd -password demo")
  if rc is not 0 then
    alert(result)
  end if
OnButtonPressedEnd
```

Wenn der Return-Code (rc) des Befehls run() ungleich Null ist, d.h. das externe dmkc-Kommando mit einem Exit-Code ungleich Null terminierte, dann wird die Ausgabe (Fehlermeldung) des dmkc-Kommandos, die in der globalen Variablen result hinterlegt ist, am Bildschirm ausgegeben.

Auf die gleich Weise können alle anderen DMKS-Funktionen in ein GEL-Programm integriert werden. Es können z.B. List-Boxen mit allen zur Zeit verfügbaren Titeln, die über run("dmkc list") in die globale Variable result und von dort in das entsprechende Format der List-Box gebracht wurden, angezeigt werden. Anschließend kann man daraus einen Titel auswählen und diesen durch run("dmkc play <dmksid>") abspielen.

Bei einer Kioskanwendung stehen die zu einem bestimmten Zeitpunkt abzuspielenden Titel häufig bereits zum Zeitpunkt der Entwicklung fest. So werden z.B. im Ruhezustand eines Kiosks bestimmte Videosequenzen abgespielt, die der Benutzer dann durch ein Ereignis abbrechen kann. Der DMK-Service ist hierfür ein nützliches Werkzeug, da der Programmierer der Kioskanwendung nur die DMKS-ID einer solchen Videosequenz wissen muß, um diese in die Anwendung integrieren zu können. Soll dieses Video geändert werden, muß nur die DMKS-ID des neuen Titels eingesetzt werden, alles andere bleibt unverändert.

Die DMKS-Kioskanwendung, die beispielhaft und als Prototyp für eine verteilte multimediale Kioskanwendung innerhalb dieses Projektes erstellt wurde, sollte weniger konkrete Inhalte darstellen, sondern vielmehr zeigen, wie der DMK-Service in eine solche Anwendung integriert werden kann.

Im Eröffnungsbildschirm der DMKS-Demonstration wird zunächst das Gebäude der IBM-Niederlassung Heidelberg dargestellt (vgl. Abbildung 23). Hat der Benutzer nach Ablauf einer gewissen Zeitspanne keine Eingabe getätigt, wird der Bildschirm mit speziellen Überblendeffekten gewechselt, und der Benutzer wird aufgefordert, den Startbutton zu betätigen.

Abbildung 23: DMKS-Eröffnungsbildschirm

Nachdem der Startbutton gedrückt wurde, wird zunächst ein *CMP_Bind_Request* im Hintergrund abgesendet und bei erfolgreichem Ausgang das DMKS Hauptmenü angezeigt (vgl. Abbildung 24). Der Benutzer kann darin zwischen folgenden Punkten wählen:

- Stored Video Examples
- Live Video Examples
- Stored Audio Examples

Abbildung 24: DMKS-Hauptmenü

Dahinter verbergen sich jeweils weitere Menüs zur Auswahl der entsprechenden Titel. Als Beispiel soll der Menüpunkt „Stored Video Examples“ gewählt werden. Hier kann der Benutzer aus einer Liste von Videos, die von den angeschlossenen DMK-Servern im Netz bereitgehalten werden, auswählen (Abbildung 25).

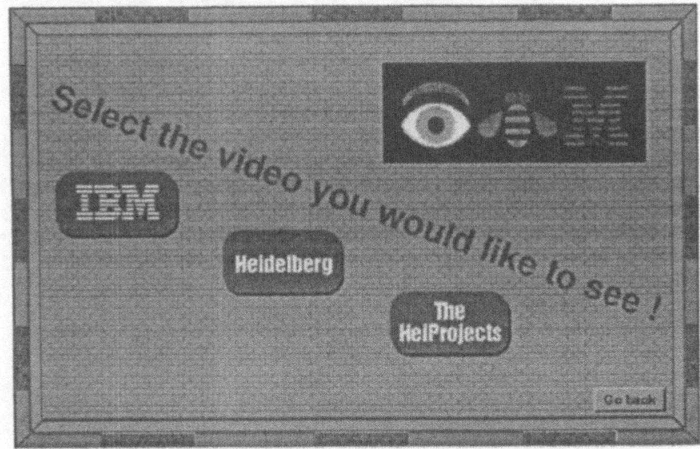

Abbildung 25: DMKS-Videoauswahl

Wird in diesem Menü z.B. der Punkt „HeiProjects“, ein Videoclip über eine Reihe von Projekten am European Networking Center in Heidelberg, ausgesucht, erscheint der Bildschirm aus Abbildung 26. Hier kann nun über den Play-Button das Video gestartet werden, mit dem Pause-Button das Abspielen angehalten und mit dem Stop-Button beendet werden. Hinter diesen Buttons verbergen sich dabei jeweils die bereits zuvor erläuterten Mechanismen zum Aufruf der entsprechenden DMKS-Aufrufe (play, pause und stop).

Abbildung 26: DMKS-HeiProjects-Video

Alle weiteren in der Beispiel-Anwendung enthaltene Menüs sind ähnlich aufgebaut und werden an dieser Stelle deshalb nicht näher behandelt.

7 World-Wide-Web als Kiosksystem

I couldn't think of anything to do with it,
so I put it on the Web.

Anonymous

Die zunehmende Popularität des Internets ist nicht zuletzt der Einführung des World-Wide-Web[15] zu verdanken. War das Internet noch bis vor kurzem eher einer geschlossenen Gesellschaft von Forschern und Wissenschaftlern vorbehalten, sind in jüngster Zeit mehr und mehr auch private und kommerzielle Benutzer zu verzeichnen.

Die Architektur des World-Wide-Web ist sehr gut auch zur Implementierung verteilter multimedialer Kiosksysteme geeignet. Im folgenden Kapitel wird deshalb auf Geschichte, Architektur, Protokolle Dokumentenformate und Anwendungsmöglichkeiten des WWW, speziell im Rahmen verteilter multimedialer Kioskanwendungen, eingegangen.

7.1 Geschichte und Architektur

Das World-Wide-Web ist ein verteiltes Hypertext- und HypermediaInformationssystem, das im weltumspannenden Internet eingesetzt wird. Es wurde 1989 von Physikern am Kernforschungszentrum CERN in Genf mit dem Ziel entwickelt, Dokumente mit Verknüpfungen auf Quellen erstellen und zwischen Wissenschaftlern im Internet austauschen zu können.

Die Architektur des WWW basiert auf der Seitenbeschreibungssprache HTML (Hypertext Markup Language) [2], dem

---

15 auch WWW oder W^3 genannt.

Datenaustauschprotokoll HTTP (Hypertext Transfer Protocol) [3] sowie den WWW-Servern und den WWW-Clients. Letztere werden häufig auch WWW-Browser oder WWW-Viewer genannt. Die folgende Abbildung veranschaulicht die Architektur.

Abbildung 27: WWW-Architektur

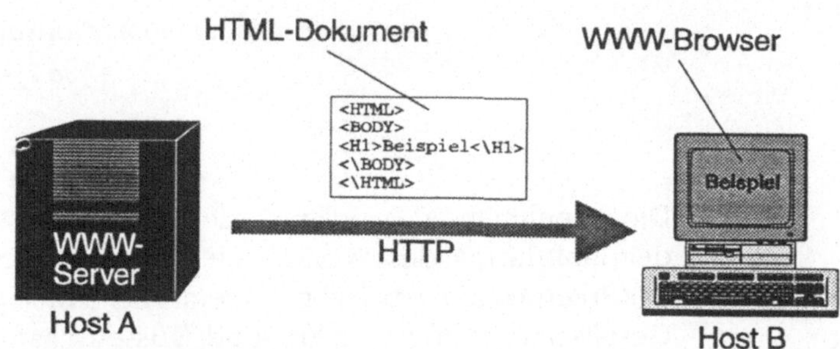

WWW-Server stellen die in HTML spezifizierten Dokumente zur Verfügung, welche von WWW-Clients über das HTTP abgerufen werden können.

Das besondere am WWW ist die Möglichkeit, multimediale Dokumente erstellen zu können, die über sogenannte Hyperlinks per Mausklick weltweit miteinander verknüpft sind. HTML-Dokumente können Text, Grafik, Audio und in begrenztem Umfang auch Video enthalten. Die Hyperlinks können an nahezu jeder beliebigen Stelle in einem Dokument angebracht werden und auf nahezu jedes beliebige Dokument im Internet verweisen.

Zusätzlich können über das WWW auch viele andere Internet-Dienste wie FTP, TELNET, Mail, Gopher, Wais, News, etc. angesprochen und über ein und dieselbe Anwendung[16] genutzt werden.

16 Sofern der WWW-Client die jeweiligen Dienste implementiert hat.

Die Adressierung dieser Dienste geschieht über sogenannte Uniform Ressource Locators (URLs). Ein URL ist wie folgt aufgebaut [1]:

```
<service>://<hostname>/<path>
```

Der erste Teil vor dem Doppelpunkt gibt an, welcher Service angesprochen werden soll (http, ftp, gopher, etc.). Anschließend an die zwei „//“ kommt der Name oder die Adresse des Rechners, auf den zugegriffen wird, und nach dem letzen „/“ das Verzeichnis oder der Dokumentenname.

Beispiele für URLs sind:

```
http://www.informatik.uni-mannheim.de/index.html
ftp://ftp.pi4.informatik.uni-mannheim.de/demo.txt
gopher://gopher.uni-mannheim.de
```

Diese URLs werden dem Benutzer normalerweise von den Browsern durch eine intuitive Benutzerschnittstelle verborgen und können per Mausklick aktiviert werden.

7.1 Hypertext Markup Language (HTML)

Die Hypertext Markup Language ist die Beschreibungssprache für Dokumente im World-Wide-Web. Wie bereits erwähnt, wurde das WWW ebenso wie HTML anfänglich ausschließlich dazu entwickelt, wissenschaftliche Dokumente mit ihren Quellen zu verknüpfen. Im Laufe der Zeit hat sich die Sprache weiterentwickelt und wurde schließlich in Form einer Document Type Definition (DTD) in der Standardized General Markup Language (SGML) spezifiziert. Der Sprachumfang von HTML wird ständig erweitert und angepaßt. Derzeit ist die Version 2.0 ein de-facto Standard [2], die Version 3.0 liegt jedoch bereits als Internet-Draft vor und wird in Kürze verabschiedet werden.

HTML ist ähnlich aufgebaut wie TeX, IBM's SCRIPT oder Microsoft's Rich Text Format. Inhalte und Formatangaben werden als reiner Text miteinander vermischt, und anhand dieser Formatangaben entscheiden Formatierer oder Browser, wie die Inhalte am Bildschirm oder auf dem Papier dargestellt werden sollen.

Die Formatangaben, die sogenannten Tags, können verwendet werden, um bestimmte Bereiche im Text zu markieren und Hierarchie, Schriftart oder Hyperlinks festzulegen. Ein Dokument ist dabei grundsätzlich wie folgt aufgebaut:

- In der ersten Zeile eines Dokuments wird mit dem Tag `<!DOCTYPE HTML PUBLIC "-//IETF//DTD HTML 2.0//EN">` dem Client mitgeteilt, daß es sich um den Dokumententyp HTML und die Versionsnummer 2.0 handelt.
- Anschließend muß jedes HTML-Dokument mit dem Tag `<HTML>` begonnen und dem Tag `</HTML>` abgeschlossen werden.
- Mit `<TITLE>...</TITLE>` kann optional eine Zeichenkette festgelegt werden, die vom Browser als Fensterüberschrift oder ähnliches angezeigt werden kann.
- In dem mit `<BODY>...</BODY>` umschlossenen Teil werden alle weiteren Inhalte spezifiziert. Dazu gibt es zur Strukturierung des Textes folgende Funktionen:
  - Überschriften
  - Paragraphen
  - Zeichen-Formatierungen
  - Sortierte Listen
  - Unsortierte Listen
  - Definitions Listen
  - Horizontale Linien
  - Adressen
- Hyperlinks können mit `<A>...</A>` spezifiziert werden. Dabei wird über die Option HREF die Referenz des Hyperlinks als URL angegeben.
- Multimediale Inhalte wie Grafik, Audio und Video können abhängig vom Format der Daten und der Fähigkeit des verwendeten Browsers als interne oder externe Daten

in HTML-Dokumente integriert werden. Bilder und Grafiken werden gewöhnlich direkt im Dokument angezeigt, Audio und Video werden meist über externe Programme, sogenannte externe Viewer abgespielt. Welche externe Viewer für welche Daten verwendet werden sollen, wird durch Zuordnung über die Dateiendung des abzuspielenden Dokuments vom jeweiligen WWW-Client bestimmt.

- HTML verfügt weiterhin über die Möglichkeit, interaktive Formulare in ein Dokument zu integrieren. Dabei werden Menüs, Eingabefelder, Check- oder Radio-Buttons, List-Boxen und ähnliches bereitgestellt, die es ermöglichen, ein Formular auf dem WWW-Client interaktiv ausfüllen zu können und das ausgefüllte Formular anschließend an einen Server zu übersenden.

Weitere Funktionen von HTML wie Tabellen, mathematische Formeln, Hintergrundbilder und Möglichkeiten zur Textausrichtung sind bereits in der neuen HTML Version 3.0 vorgeschlagen und auch von einigen Viewern implementiert.

Eine weitere interessante Entwicklung, die von Silicon Graphics und der University of Minnesota initiiert wurde, ist die sogenannte Virtual Reality Modeling Language (VRML). Mit VRML werden zwei weitere Dimensionen, die dritte räumliche Dimension und die Zeit-Dimension, zu Dokumenten hinzugefügt. Mit speziellen Browsern ist es damit möglich, in dreidimensionalen virtuellen Welten zu wandern oder Animationen in 3D ablaufen zu lassen.

Abschließend wird ein Beispiel eines in HTML spezifizierten Dokuments (Abbildung 28) und dessen Darstellung durch einen WWW-Browser am Bildschirm (Abbildung 29) gegeben.

Abbildung 28: HTML-Spezifikation

```
<!DOCTYPE HTML PUBLIC "-//IETF//DTD HTML 2.0//EN">
<HTML>
<HEAD>Dies ist ein HTML-Beispiel</HEAD>
<BODY>
<H1>Dies ist die Überschrift</H1>
<HR>
Die folgende Liste zeigt einige Textformatierungen von HTML:
<UL>
<LI>normaler Text
<LI><b>fettgedruckter</b> Text
<LI><i>kursivgedruckter</i> Text
</UL>
<HR>
</BODY>
</HTML>
```

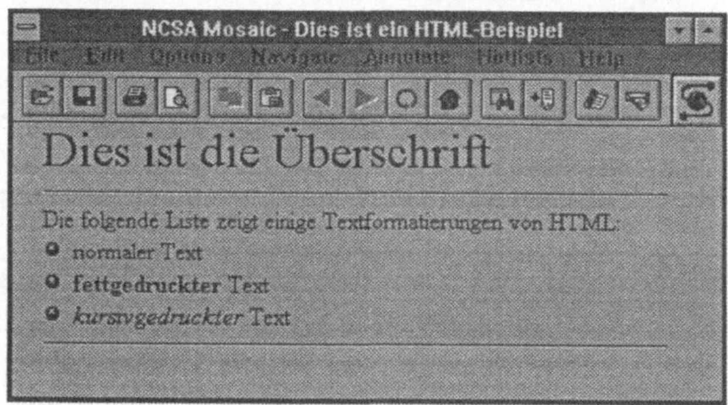

Abbildung 29: Darstellung des Browsers

7.2 Hypertext Transfer Protocol (HTTP)

Um HTML Dokumente zwischen WWW-Servern und WWW-Clients austauschen zu können, wird das sogenannte Hyper Text Transfer Protocol eingesetzt.

HTTP ist im Sinne des ISO-OSI Referenzmodells ein Anwendungsprotokoll, das in der gegenwärtigen Implementierung im Internet TCP als verbindungsorientertes zuverlässiges Transportprotokoll nutzt. HTTP ist ein objektorientiertes, zustandsunabhängiges Protokoll, das grundsätzlich für viele unterschiedliche Aufgaben wie Nameservice, verteiltes Objektmanagement oder ähnliches eingesetzt werden kann.

HTTP erlaubt es Datentypen und Darstellungsformen auszuhandeln und ermöglicht es damit, Systeme zu entwickeln, die prinzipiell unabhängig von den auszutauschenden Daten sind[17].

Die aktuelle Version 1.0 des HTTP-Protokolls spezifiziert sieben sogenannte Abfrage-Methoden die zur Bearbeitung von Netz-Ressourcen verwendet werden. Netz-Ressourcen können dabei beliebige Dokumente, multimediale Daten oder spezielle Netzwerk-Dienste sein. Die Netz-Ressourcen werden über sogenannte Uniform Ressource Identifier (URI) adressiert [1].

HTTP folgt dem Request/Response Paradigma d.h. eine HTTP-Transaktion besteht grundsätzlich aus folgenden vier Phasen:

- **Connect** (Verbindungsaufbau durch den Client)
- **Request** (Anfrage vom Client an den Server)
- **Response** (Antwort des Servers)
- **Close** (Verbindungsabbau durch den Server)

Eine Anfrage (Request) des Clients hat dabei folgende Form:

```
(Methode, URI, Protocol Version)
```

Die Antwort des Servers (Response) ist zunächst eine Statuszeile, mit Protokoll-Version und Response-Code, anschließend einer MIME-ähnlichen Message[18] mit Serverinformationen und abschließend einem optionalen Body-Part der z.B. das angeforderte Dokument enthält.

Die folgenden Methoden sind in der aktuellen Version 1.0 des HTTP-Protokolls spezifiziert:

---

[17] Um die genannte Funktionalität zu erhalten, ist es eventuell notwendig, neue Methoden zu spezifizieren.

[18] MIME steht für Multipurpose Internet Mail Extensions und spezifiziert Erweiterungen für das Standard Mail Format [5].

- GET
- HEAD
- PUT
- POST
- DELETE
- LINK
- UNLINK

Mit **GET** werden Dokumente von einem Server abgerufen und zum Client übertragen. **HEAD** liefert sogenannte Meta-Informationen wie z.B. Inhaltstyp oder Länge eines Dokuments. **PUT** ermöglicht die Übertragung von Dokumenten von einem Client zu einem Server. Mit **POST** übergibt der Client Daten eines Datenverarbeitungsprozesses (z.B. die Auswertung eines Formulars) an den Server. **DELETE** löscht ein Dokument auf einem Server. Mit **LINK** können Strukturinformationen zu einem Dokument hinzugefügt werden, um beispielsweise die Beziehung zu einem übergeordneten Dokument festzulegen. **UNLINK** entfernt die mit LINK angelegte Strukturinformation.

7.3 Server und Browser

Wie dies bereits in Kapitel 5 für Autorensysteme gemacht wurde, sollen nun auch hier entsprechend die aktuell verfügbaren Werkzeuge vorgestellt werden, die zur Implementierung von WWW-basierten Kiosksystemen verwendet werden können.

WWW-basierte Kiosksysteme sind grundsätzlich verteilte Systeme in Form einer Client-Server-Architektur. Es ist allerdings auch vorstellbar, daß eine rein lokale Version eines Kiosksystems zum Einsatz kommt, die nur einen WWW-Client verwendet. In diesem Fall kann nur über den Uniform Ressource Locator `file://` direkt auf das lokale Dateisystem zugegriffen werden und die Funktionalität des HTTP-Protokolls nicht genutzt werden.

Das World-Wide-Web wurde als nicht-kommerzielles Projekt vom Kernforschungszentrum CERN entwickelt und viele Server und Clients werden nach wie vor lizenzfrei für die nichtkommerzielle Nutzung abgegeben. Die Lizenzbedingungen ändern sich jedoch laufend, so daß die genauen Hinweise der jeweiligen Anbieter vor dem Einsatz noch einmal geprüft werden sollten.

7.3.1 WWW-Server

WWW-Server sind spezielle Programme, die auf einem Rechner ablaufen, auf dem HTML-Dokumente oder andere Daten für Anfragen von WWW-Clients zur Verfügung gestellt werden sollen.

Im Vergleich zu den WWW-Browsern sind die WWW-Server weniger aufwendig und unterscheiden sich meist nur hinsichtlich der Konfigurationsmöglichkeiten, der Sicherheitstechniken und dem kommerziellen Status.

Tabelle 10: WWW-Server

Server	Plattform	Bemerkung
Alibaba	Windows NT, Windows95	komerziell
CERN Server	Unix, VMS, Windows	kostenfrei
GoServe	OS/2	kostenfrei
HTTP für VM	VM	kostenfrei
HTTPS	Windows NT	kostenfrei
Mac HTTP	Macintosh	kostenfrei
NCSA Server	Unix	kostenfrei
Netsite	Unix	komerziell
PHTTPD	Unix	kostenfrei
Purveyor	Windows NT, Windows95	komerziell
REXX für VM	VM	kostenfrei
VAX/VMS Server	VMS	kostenfrei
WebServ	Windows	komerziell
WebSite	Windows NT, Windows95	komerziell
Windows httpd	Windows	kostenfrei

7.3.2 WWW-Browser

Die ersten WWW-Browser waren textbasierte Systeme, die, teilweise im Line-Mode, weder Grafiken noch sonstige multimedialen Daten unterstützten. Da diese Systeme für den Einsatz als Kiosksystem keine Bedeutung haben, werden sie in der nachfolgenden Übersicht weggelassen.

Spätere Browser für fensterorientierte Benutzeroberflächen wie X-Windows, MS-Windows oder den Apple MacIntosh bieten neben der Darstellung von Textinhalten die Möglichkeit zur Integration weiterer Medien wie Grafik, Audio oder Video. Teilweise haben diese Browser auch einen sogenannten Presentation- oder Kiosk-Mode, bei dem alle Menüs ausgeblendet und alle Hotkeys abgeschaltet werden können, so daß den Benutzern nur noch die im HTML-Dokument spezifizierten Funktionen zur Verfügung stehen. Dies ist vergleichbar mit den in vielen Autoren-Werkzeugen vorhandenen Autoren- und Presentation-Modes.

Tabelle 11: WWW-Browser

Browser	Plattform	Bemerkung
Albert	VM-Full-Screen-Browser	kostenfrei
Arena	X-Windows	kostenfrei
Cello	MS-Windows	kostenfrei
WebWorks (früher GWHIS)	X-Windows, MS-Windows	komerzielle Version des NCSA Mosaic Browsers
MacWeb	MacIntosh	lizenzpflichtig
Mosaic	X-Windows, MS-Windows MacIntosh	kostenfrei
Netscape	X-Windows, MS-Windows MacIntosh	komerziell
Nexus	NextStep	kostenfrei
OmniWeb	NextStep	komerziell
Quarterdeck Mosaic	MS-Windows	komerziell
Samba	MacIntosh	kostenfrei
WinWeb	MS-Windows	kostenfrei

7.4 Beispiele für WWW-Kiosksysteme

Um zu verdeutlichen, wie die im World-Wide-Web verwendete Architektur eingesetzt werden kann, um verteilte multimediale Kiosksysteme zu implementieren, werden in diesem Kapitel einige Beispiele existierender WWW-basierter Kiosksysteme vorgestellt. Die Zahl solcher Systeme wächst täglich, und die Inhalte werden ständig aktualisiert. Die folgenden Beispiele sind deshalb jeweils als Momentaufnahme der Systeme anzusehen.

7.4.1 Universität Mannheim

Im Herbst 1993 wurde am Dekanat für Betriebswirtschaftslehre der Universität Mannheim ein Projekt mit dem Namen „Informationssystem zur Verkürzung der Studienzeiten" ins Leben gerufen. Ausgangspunkt diese Projektes war eine im Jahr 1991 von Prof. Dichtl durchgeführte Studie zur Studiendauer an deutschen Universitäten am Beispiel der Fakultät für Betriebswirtschaft an der Universität Mannheim. In einer empirischen Analyse stellte sich heraus, daß fehlende Informationen der wichtigste Faktor für lange Studienzeiten sind.

Nach einer Befragung der Lehrstühle, nach deren Wünschen über Inhalte des Informationssystems, Anforderungen an ein integriertes Verwaltungssystem sowie die verwendete Hard- und Software, wurde Anfang 1994 damit begonnen, ein Informationssystem auf Basis des World-Wide-Web zu entwickeln. Das Projekt wurde im Oktober 1994 auf der zweiten internationalen WWW-Konferenz in Chicago erstmals der Öffentlichkeit vorgestellt. Im Januar 1995 wurde die erste WWW-basierte Kiosksäule an der Universität Mannheim eingeweiht (Abbildung 30).

Abbildung 30: WWW-Kiosk der Universität Mannheim

Die Architektur des Mannheimer Informationssystems „Info-Box“ sieht wie folgt aus:

- Eine HP-UX-Workstation auf Unix-Basis dient als WWW-Server und hält die Daten des Informationssystems bereit. Der Server ist, ebenso wie die Kioskclients, zum einen an das lokale Universitätsnetz angeschlossen, zum anderen gibt es einen Übergang ins weltweite Internet. Inhalte des Informationssystem sind beispielsweise:
    - Allgemeine Informationen zur Universität Mannheim
    - Das aktuelle Vorlesungsverzeichnis
    - Die Prüfungsordnung
    - Informationen zum Auslandsstudium
    - Informationen über das Dekanat für BWL
    - Vorstellung der einzelnen Lehrstühle
    - Bibliotheksverzeichnisse
    - Der aktuelle Mensaplan
- Die Kiosksäulen, die sogenannten „Infoboxen“, sind mit einem PC auf Linux-Basis (Linux ist ein Unix-Derivat für PCs), einem speziellen Maus-Panel und einem Netzanschluß an das lokale Universitätsnetz mit Übergang ins

weltweite Internet ausgerüstet und dienen als WWW-Clients (Abbildung 31). Über das lokale Universitätsnetz haben sie direkten Zugriff auf die Daten des Informationssystems, über das Internet haben sie zusätzlich auch Zugriff auf Daten von zahllosen weiteren WWW-Servern weltweit.

Abbildung 31: WWW-basierte „Info-Box"

7.4.2 Der Spiegel

Als einer der ersten Nachrichtenmagazine weltweit und als Vorreiter in Deutschland bietet der Spiegel Auszüge aus seinem Magazin online im World-Wide-Web an. Neben dem Titelblatt (siehe Abbildung 32), der Titelgeschichte und dem kompletten Inhaltsverzeichnis werden außerdem einige ausgewählte Artikel im Netz bereitgestellt.

Abbildung 32: Der Spiegel im WWW

Etwa 20.000 „Web-Surfer“ pro Woche nutzen diesen - bislang noch kostenlosen - Dienst. Die Online Version des Spiegels ist sogar einige Tage vor der gedruckten Version bereits im Netz verfügbar. Neben dem redaktionellen Teil bietet der Spiegel auf seinen Medienseiten auch eine ganze Reihe weiterer Hyperlinks zu verwandten Informationen. Beispiele hierfür sind:

- Aktuelles
- Zeitungen und Zeitschriften
- TV, Film und Radio
- Elektronische Magazine
- Online-Dienste
- Aus Schule und Hochschule
- Kiosk - Stöbern im Netz
- Fernauslöser der Woche
- Netsurfer - Tips an den Spiegel
- Es stand im Spiegel
- Rückspiegel

Obwohl dieses Beispiel nicht in Form eines Kiosksystems im klassischen Sinne realisiert ist, ist es doch eine Anwendung, die durchaus auch als Kiosksystem vorstellbar ist. Stellen Sie sich vor, Sie können an der Straßenbahnhaltestelle oder am Flughafen oder Bahnhof an einem Kiosksystem aus einer Reihe internationaler Zeitungen und Zeitschriften eine Auswahl von Artikeln nach Ihrem persönlichen Profil erstellen lassen. Diese individuelle „Sonderausgabe" könnte dann ausgedruckt werden, so daß Sie sie während der Reise lesen können. Dies spart nicht nur Zeit, sondern auch Papier, da Sie keine oder nur noch wenige für Sie uninteressante Artikel in gedruckter Form vorliegen haben.

Sicher werden diese Systeme die klassischen Zeitungen und Zeitschriften nicht ganz vom Markt verdrängen können, die Anbieter traditioneller Printmedien müssen in diesem Bereich jedoch sicher umdenken und auf neue, innovative Formen der Informationsvermittlung eingehen.

7.4.3 Internet Shopping Center

Das letzte Beispiel, das sogenannte Internet Shopping Center, zeigt ganz besonders deutlich, wie das World-Wide-Web als mächtiges Verkaufsinstrument eingesetzt werden kann. Das gleiche Medium dient sowohl für verteilte Kiosksysteme als auch für Online-Dienste über die Millionen von Internet Benutzern weltweit im Internet einkaufen können.

Das Internet Shopping Network (ISN) ist ein kommerzielles Unternehmen und Tochtergesellschaft der Firma Home Shopping Network, Inc. (HSN), einem Anbieter von Konsumgütern, der in den Vereinigten Staaten über einen eigenen Fernsehkanal seine Waren verkauft.

Der Nachteil des Fernsehens als Verkaufsmedium ist, daß es nur unidirektional ist und die Kunden ein weiteres Medium, in dem Fall das Telefon, verwenden müssen, um im HSN einkaufen zu können. Das Internet, und speziell das WWW, bietet aber die Möglichkeit, interaktiv Transaktionen zu tätigen und über das gleiche Medium individuell Angebote einholen sowie bestellen zu können.

Abbildung 33: Internet Shopping Network

Im konkreten Beispiel kann der Kunde per Mausklick aus einer Fülle von Angeboten verschiedener Produktsparten auswählen, mit seiner Kreditkartennummer bezahlen und bekommt die Waren binnen Tagen frei Haus geliefert.

Das Angebot umfaßt neben Konsumgütern wie Computer, Fernseher, Videorecorder oder Haushaltsgeräten auch Blumen oder sogar Lebensmittel wie Fleisch oder Fisch. Dazu wurden spezielle Versandbehälter entwickelt, mit denen gefrorene Güter mehrere Tage über die üblichen Vertriebskanäle wie Post oder Paketdienst unbeschadet transportiert werden können.

Für einen solchen Dienst, der bereits im WWW realisiert ist, läßt sich binnen kürzester Zeit ein Kiosksystem entwickeln, das als Point of Sale System in Supermärkten, Warenhäusern oder anderen öffentlichen Plätzen aufgestellt werden kann.

Es ist weder Spezialhard- noch Software nötig, es muß einzig und allein ein Kioskgehäuse mit einem Rechnersystem, Betriebssystem, Internetanschluß und einem WWW-Browser aufgestellt werden, um weitere Kunden ansprechen zu können.

8 Zusammenfassung und Ausblick

Prediction is very difficult,
especially about the future.

Niels Bohr

Kiosksysteme sind in Form von Point of Information (POI) oder Point of Sale (POS) Systemen ein flexibles Instrument, um Informationen, Waren- und Dienstleistungen anbieten zu können. Die Ausführungen in diesem Buch haben gezeigt, daß die Variante eines verteilten multimedialen Kiosksystems zusätzlich eine Reihe weiterer Vorteile sowohl für Dienstanbieter als auch für Dienstbenutzer bietet.

Multimediale Elemente erhöhen Attraktivität, Akzeptanz und Verständlichkeit von Kiosksystemen, die Verteilung ermöglicht zusätzlich höhere Aktualität, Kommunikationsfähigkeit und bessere Wartbarkeit.

Die Kombination all dieser Vorteile in einem Kiosksystem vereint, schafft das Potential, Information, Waren und Dienstleistungen für jedermann, von jedem Ort, zu jeder Zeit und in jeder Art anbieten zu können.

In der vorliegenden Arbeit wurden zunächst grundlegende Eigenschaften und typische Einsatzgebiete von Kiosksystemen aufgezeigt. Anschließend wurde eine Definition für diesen noch relativ jungen Begriff gegeben, eine Klassifikation von Kiosksystemen vorgenommen, bevor dann speziell auf den Bereich verteilter multimedialer Kiosksysteme eingegangen wurde.

Dazu wurden neben einigen Grundlagen aus dem Bereich Multimedia und verteilte Systeme auch das Design und die Ergonomie von Benutzerschnittstellen für Kiosksysteme behandelt. Anschließend wurde der Bereich Hard- und Softwareplattformen für verteilte multimediale Kiosksysteme angesprochen und Autorenwerkzeuge zur Implementierung von Kioskanwendungen vorgestellt.

Da viele Systeme zur Zeit noch keine Möglichkeit zur Verteilung von kontinuierlichen Medien anbieten, wurde in einem weiteren Kapitel ein Prototyp eines Verteildienstes für multimediale Kioskanwendungen, der Distributed Multimedia Kiosk Service (DMKS), vorgestellt. Dieses System erlaubt es, verteilte Audio- und Videodaten, unabhängig von der verwendeten Authoringsoftware, in ein Kiosksystem zu integrieren. In einer Beispielanwendung wurde gezeigt, wie ein solcher Service in einem verteilten multimedialen Kiosksystem eingesetzt werden kann.

Als aktueller Exkurs wurde in einem weiteren Kapitel speziell auf das im weltweiten Internet eingesetzte, verteilte multimediale Informationssystem World-Wide-Web eingegangen. Es wurden neben der Architektur auch das im WWW eingesetzte Hypertext Transfer Protokoll sowie die Beschreibungssprache Hypertext Markup Language beschrieben sowie einige WWW-Server und WWW-Clients vorgestellt.

Anhand einiger aktueller Beispiele wurde abschließend gezeigt, daß sich die im WWW verwendete Technologie besonders auch zur Implementierung verteilter multimedialer Kioskanwendungen eignet.

Das vorliegende Buch soll einen Eindruck vermittelt haben, was unter dem Begriff Kiosksysteme zu verstehen ist, wie solche Systeme eingesetzt werden können und welchen Nutzen wir aus ihnen ziehen können. In Zukunft werden Kiosksysteme mehr und mehr zu unserem Alltag gehören. Sie werden uns helfen, die uns umgebenden Informationsflut besser bewältigen zu können, interaktive Dienstleistungen effizient nutzen zu können und durch Ihre ständige Verfügbarkeit zusätzlichen Komfort bringen. Wie schnell diese Entwicklung ablaufen wird, hängt dabei weniger von der Technik als von der Akzeptanz der Systeme bei den Benutzern ab.

Anhang

A: DMK-CM-Protokoll

```
------------------------------------------------------------
CMP
------------------------------------------------------------
-- Distributed Multimedia Kiosk Service
-- Client Manager Protocol (CMP)
-- Protocol Specification in RO-Notation
------------------------------------------------------------
-- Author: Wieland Holfelder
--         Lehrstuhl für Praktische Informatik IV
--         Universität Mannheim and
--         Distributed Multimedia Solutions
--         IBM European Networking Center Heidelberg
-- Date:   August 1993
------------------------------------------------------------

DEFINITIONS ::=

BEGIN

------------------------------------------------------------
-- exports
------------------------------------------------------------
EXPORTS
   Boolean,
   DMKSID,
   DMKSHandle,
   Hostname,
   AVMode,
   AVSource,
   AVAttributes,
   AVObject;

------------------------------------------------------------
-- types
------------------------------------------------------------
None          ::= NULL
```

```
Boolean       ::= ENUMERATED
{
   true  (1),
   false (0)
}

DMKSID        ::= IA5String

DMKSHandle    ::= INTEGER

HostName      ::= IA5String

AVMode        ::= ENUMERATED
{
   audioVideo   (0),
   audioOnly    (1),
   videoOnly    (2)
}

AVSource      ::= ENUMERATED
{
   file  (0),
   live  (1)
}

AVAttributes ::= SEQUENCE
{
   myoptionals     INTEGER,

-- audio attributes:
   volume          INTEGER      OPTIONAL,
   balance         INTEGER      OPTIONAL,
   bass            INTEGER      OPTIONAL,
   treble          INTEGER      OPTIONAL,

-- video attributes:
   x               INTEGER      OPTIONAL,
   y               INTEGER      OPTIONAL,
   width           INTEGER      OPTIONAL,
   height          INTEGER      OPTIONAL,
   brightness      INTEGER      OPTIONAL,
```

```
    color           INTEGER      OPTIONAL,
    contrast        INTEGER      OPTIONAL,
    saturation      INTEGER      OPTIONAL,
    nodecoration    Boolean      OPTIONAL,
    nowindow        Boolean      OPTIONAL
}

AVObject    ::= SEQUENCE
{
    dmksid       DMKSID,
    title        IA5String,
    info         IA5String,
    avmode       AVMode,
    avsource     AVSource,
    server       HostName
}

ListSort    ::= ENUMERATED
{
    noSort          (0),
    dmksidSort      (1),
    titleSort       (2),
    infoSort        (3),
    avmodeSort      (4),
    avsourceSort    (5),
    serverSort      (6)
}

-----------------------------------------------------------
-- errors
-----------------------------------------------------------
systemError           ERROR     ::= 1000
notBound              ERROR     ::= 1001
noServer              ERROR     ::= 1002
serverUnknown         ERROR     ::= 1003
dmksidUnknown         ERROR     ::= 1004
formatNotSupported    ERROR     ::= 1005
invalidHandle         ERROR     ::= 1006
invalidPassword       ERROR     ::= 1007
alreadyBound          ERROR     ::= 1008
versionMismatch       ERROR     ::= 1009
sscpError             ERROR     ::= 1010
```

```
---------------------------------------------------------------
-- bind
---------------------------------------------------------------
bind    OPERATION
   ARGUMENT     BindArg
   RESULT       None
   ERRORS     { invalidPassword,
                alreadyBound,
                versionMismatch,
                systemError
              }
::= 1100

BindArg      ::= SEQUENCE
{
   username         IA5String,
   password         IA5String,
   version          IA5String
}

---------------------------------------------------------------
-- list
---------------------------------------------------------------
list    OPERATION
   ARGUMENT     ListArg
   RESULT       ListRes
   ERRORS     { notBound,
                serverUnknown,
                systemError
              }
::= 1200

ListArg      ::= SEQUENCE
{
   dmksid       DMKSID       OPTIONAL,
   server       HostName     OPTIONAL,
   avmode       AVMode       OPTIONAL,
   avsource     AVSource     OPTIONAL,
   title        IA5String    OPTIONAL,
   info         IA5String    OPTIONAL,
   sort         ListSort
```

```
}

ListRes      ::= SEQUENCE OF AVObject

---------------------------------------------------------------
-- play
---------------------------------------------------------------
play     OPERATION
   ARGUMENT     PlayArg
   RESULT       PlayRes
   ERRORS    {  notBound,
                dmksidUnknown,
                noServer,
                serverUnknown,
                formatNotSupported,
                sscpError,
                systemError
             }
::= 1300

PlayArg      ::= SEQUENCE
{
   dmksid       DMKSID,
   server       HostName        OPTIONAL,
   attributes   AVAttributes    OPTIONAL
}

PlayRes      ::= SEQUENCE
{
   handle       DMKSHandle
}

---------------------------------------------------------------
-- pause
---------------------------------------------------------------
pause    OPERATION
   ARGUMENT     PauseArg
   RESULT       None
   ERRORS    {  notBound,
                invalidHandle,
                sscpError,
                systemError
```

```
          }
::= 1400

PauseArg    ::= SEQUENCE
{
   handle   DMKSHandle
}

-----------------------------------------------------------
-- stop
-----------------------------------------------------------
stop    OPERATION
   ARGUMENT     StopArg
   RESULT       None
   ERRORS     { notBound,
                invalidHandle,
                sscpError,
                systemError
              }
::= 1500

StopArg     ::= SEQUENCE
{
   handle   DMKSHandle
}

-----------------------------------------------------------
-- control
-----------------------------------------------------------
control  OPERATION
   ARGUMENT     ControlArg
   RESULT       ControlRes
   ERRORS     { notBound,
                invalidHandle,
                sscpError,
                systemError
              }
::= 1600

ControlArg  ::= SEQUENCE
{
   handle   DMKSHandle,
```

```
    attributes   AVAttributes    OPTIONAL
}

ControlRes ::= AVAttributes

------------------------------------------------------------
-- unbind
------------------------------------------------------------
unbindOPERATION
    ARGUMENT      None
    RESULT        None
    ERRORS    {   notBound,
                  systemError
              }
::= 1700

END
------------------------------------------------------------
-- eof
------------------------------------------------------------
```

B: DMK-MS-Protokoll

```
-------------------------------------------------------------
MSP
-------------------------------------------------------------
-- Distributed Multimedia Kiosk Service
-- Manager Server Protocol (MSP)
-- Protocol Specification in RO-Notation
-------------------------------------------------------------
-- Author: Wieland Holfelder
--         Lehrstuhl für Praktische Informatik IV
--         Universität Mannheim and
--         Distributed Multimedia Solutions
--         IBM European Networking Center Heidelberg
-- Date:   August 1993
-------------------------------------------------------------

DEFINITIONS ::=

BEGIN

-------------------------------------------------------------
-- imports
-------------------------------------------------------------
IMPORTS
   Boolean      FROM CMP
   DMKSID       FROM CMP
   DMKSHandle   FROM CMP
   HostName     FROM CMP
   AVMode       FROM CMP
   AVSource     FROM CMP
   AVAttributes FROM CMP
   AVObject     FROM CMP;

-------------------------------------------------------------
-- types
-------------------------------------------------------------
None     ::= NULL

-------------------------------------------------------------
-- errors
```

```
------------------------------------------------------------
systemError          ERROR    ::= 2000
notBound             ERROR    ::= 2001
invalidPassword      ERROR    ::= 2002
alreadyBound         ERROR    ::= 2003
versionMismatch      ERROR    ::= 2004
dmksidUnknown        ERROR    ::= 2005
clientUnknown        ERROR    ::= 2006
formatNotSupported   ERROR    ::= 2007
invalidHandle        ERROR    ::= 2008
sscpError            ERROR    ::= 2009

------------------------------------------------------------
-- bind
------------------------------------------------------------
bind     OPERATION
   ARGUMENT     BindArg
   RESULT       None
   ERRORS    {  invalidPassword,
                alreadyBound,
                versionMismatch,
                systemError
             }
::= 2100

BindArg   ::= SEQUENCE
{
   username     IA5String,
   password     IA5String,
   version      IA5String
}

------------------------------------------------------------
-- list
------------------------------------------------------------
list     OPERATION
   ARGUMENT     ListArg
   RESULT       ListRes
   ERRORS    {  notBound,
                systemError
             }
::= 2200
```

```
ListArg ::= SEQUENCE
{
   dmksid      DMKSID        OPTIONAL,
   avmode      AVMode        OPTIONAL,
   avsource    AVSource      OPTIONAL,
   title       IA5String     OPTIONAL,
   info        IA5String     OPTIONAL
}

ListRes  ::= SEQUENCE OF AVObject

-------------------------------------------------------------
-- play
-------------------------------------------------------------
play     OPERATION
   ARGUMENT       PlayArg
   RESULT         None
   ERRORS     {   notBound,
                  dmksidUnknown,
                  clientUnknown,
                  formatNotSupported,
                  sscpError,
                  systemError
              }
::= 2300

PlayArg  ::= SEQUENCE
{
   dmksid       DMKSID,
   handle       DMKSHandle,
   client       HostName,
   attributes   AVAttributes   OPTIONAL
}

-------------------------------------------------------------
-- pause
-------------------------------------------------------------
pause    OPERATION
   ARGUMENT       PauseArg
   RESULT         None
   ERRORS     {   notBound,
                  invalidHandle,
```

```
                sscpError,
                systemError
            }
::= 2400

PauseArg ::= SEQUENCE
{
   handle   DMKSHandle
}

------------------------------------------------------------
-- stop
------------------------------------------------------------
stop     OPERATION
   ARGUMENT    StopArg
   RESULT      None
   ERRORS   {  notBound,
               invalidHandle,
               sscpError,
               systemError
            }
::= 2500

StopArg  ::= SEQUENCE
{
   handle   DMKSHandle
}

------------------------------------------------------------
-- unbind
------------------------------------------------------------
unbind   OPERATION
   RESULT      None
   ERRORS   {  notBound,
               systemError
            }
::= 2600

END
------------------------------------------------------------
-- eof
------------------------------------------------------------
```

C: Hilfefunktion des DMKC-Moduls

```
DMKC-Help:

Help for command "bind".
Arguments:
    -u(sername) <username>
    -p(assword) <password>
   [-v(ersion)  <version>]
Description:
   Bind the DMK-Client to the DMK-Manager.


Help for command "list".
Arguments:
   [-d(mksid)    <RE>]
   [-se(rver)    <RE>]
   [-avm(ode)    av|vo|ao]
   [-avs(ource)  l|f]
   [-t(itle)     <RE>]
   [-i(nfo)      <RE>]
   [-so(rt)      0|1|2|3|4|5|6]
Description:
   List all avaiable AV-Objects matching
   the specified search-arguments.
   (<RE> is a regular expression)


Help for command "play".
Arguments:
    -d(mksid)        <dmksid>
   [-se(rver)        <server>]
   [-v(olume)        <volume>]
   [-bal(ance)       <balance>]
   [-bas(s)          <bass>]
   [-t(reble)        <treble>]
   [-x               <x>]
   [-y               <y>]
   [-w(idth)         <width>]
   [-h(eight)        <height>]
```

```
   [-br(ightness)   <brightness>]
   [-col(or)        <color>]
   [-con(trast)     <contrast>]
   [-sa(turation)   <saturation>]
   [-nod(ecoration) <nodecoration>]
   [-now(indow)     <nowindow>]
Description:
   Play the AV-Object with dmksid <dmksid>
   and the specified attributes on the local host.


Help for command "pause".
Arguments:
   [[-h(andle)] <handle>]
Description:
   Toggle between state RUNNING and state PAUSE of
   the handle <handle>. If you do not specify a
   handle, the handle created by the last play
   command will be used.


Help for command "stop".
Arguments:
   [[-h(andle)] <handle>]
Description:
   Stop the handle <handle>. If you do not specify a
   handle, the handle created by the last play
   command will be used.


Help for command "control".
Arguments:
   [[-ha(ndle]        <handle>] (handle==0 => set defaults)
   [-v(olume)         <volume>]
   [-bal(ance)        <balance>]
   [-bas(s)           <bass>]
   [-t(rebble)        <trebble>]
   [-x                <x>]
   [-y                <y>]
   [-w(idth)          <width>]
   [-h(eight)         <height>]
   [-br(ightness)     <brightness>]
```

```
    [-col(or)           <color>]
    [-con(trast)        <contrast>]
    [-sa(turation)      <saturation>]
    [-nod(ecoration)    <nodecoration>]
    [-now(indow)        <nowindow>]
Description:
    Set new Control-Attributes on the local host.
    (Not implemented in this version!)


Help for command "unbind".
No arguments.
Description:
    Unbind the DMK-Client from the DMK-Manager.


Help for command "help".
No arguments.
Description:
    This help. You may also get help for a specific
    command <command> if you say <command> ?
```

Glossar

ACSE Association Control Service Element. ➪ Anwendungsdienstelement zur Kontrolle und Steuerung von Verbindungen (➪ Associations) im ➪ OSI-Referenzmodell.

AE Application Entity ➪ Anwendungsdienstelement.

AIX Advanced Interactive Executive. ➪ UNIX Derivat der IBM Corporation.

Algorithmus Formale, sprach- und systemunabhängige Prozedur zur Beschreibung einer Problemlösung.

Animation Aneinanderreihung von Grafiken und Bildern, die bei genügend schneller Abarbeitung den Eindruck einer Bewegtbildsequenz ergeben können.

Animationskiosk Ein ➪ Kiosk, bei dem der Benutzer keine Möglichkeit (außer evtl. Start und Stop) hat, Art, Umfang oder Reihenfolge der ihm präsentierten Informationen zu beeinflussen.

ANSI American National Standards Institute. Amerikanisches Normungsinstitut. Vergleichbar mit dem ➪ DIN in Deutschland.

Anwendung Programm zur Lösung eines bestimmten Problems mit Hilfe eines Computers.

Anwendungsdienstelement Systembaustein der ➪ Anwendungsschicht im ➪ OSI-Referenzmodell, das von anderen ➪ Anwendungen verwendet werden kann, um einen bestimmten Dienst zur Verfügung zu stellen.

Anwendungsschicht Schicht 7 im ➪ OSI Referenzmodell

Application ➪ Anwendung

Application Layer ➪ Anwendungsschicht

Artificial Intelligence (AI) ➪ Künstliche Intelligenz

ASCII American Standard Code for Information Interchange. Von der ➪ ANSI genormter Code für die Zeichendarstellung in Computern.

ASN.1 Abstract Syntax Notation One; von der ISO standardisierte Beschreibung von Datenstrukturen zur Darstellung, Kodierung, Übertragung und Dekodierung von Daten.

Association Bezeichnung für eine Verbindung im ➪ OSI-Referenzmodell.

ATM Asynchronous Transfer Mode.

Authoring Bezeichnung für die Programmierung und Implementierung einer multimedialen Anwendung.

Authoring Software ➪ Autoren-Programm.

Autoren-Programm Spezielle Entwicklungsumgebung zur Erstellung multimedialer Anwendungen ➪ Authoring.

AVC Audio Video Component. Komponente aus dem ➪ BERKOM-Projekt zum Transport und zur Darstellung kontinuierlicher Medien.

B-ISDN Breitband ➪ ISDN.

Bandbreite Die Kapazität einer Verbindungsleitung zur digitalen Datenübermittlung, meist gemessen in ➪ Bit/s.

Bandwith ➪ Bandbreite.

Baud kennzeichnet die Übertragungsgeschwindigkeit einer Datenübertragung durch die maximale Anzahl der übertragenen Symbole pro Sekunde. Dies kann durchaus unterschiedlich zu der Größe Bit/Sekunde sein, da ein Symbol mehrere Bits repräsentieren kann.

BER Basic Encoding Rules; von der ISO standardisierte Menge von Regeln zur Kodierung von ASN.1 Datenstrukturen.

BERKOM Berliner Kommunikationssystem. Ein Breitband-ISDN Versuchsprojekt unter Federführung der ➪ DeTeBerkom.

Bit Binary Digit. Kleinste Darstellungseinheit im Dualsystem. Der Wert eines Bit kann entweder 0 oder 1 sein.

Bit/s Anzahl der über eine serielle Leitung übertragenen Bits pro Sekunde.

Bitübertragungsschicht Schicht 1 im ➪ OSI Referenzmodell.

Boolean Logischer Wert, der in Kombination mit den Operatoren UND, ODER und NICHT verwendet werden kann um Bedingungen zu spezifizieren.

Breitband Verweist auf Netzwerke mit hoher ➪ Bandbreite.

Broadband ➪ Breitband.

Bus Ein Übertragungspfad, über den mehrere direkt angeschlossene Geräte Daten austauschen können.

Byte Dateneinheit von 8 ➪ Bit. In der Regel die kleinste Einheit, mit der Computer arbeiten können.

CAD Computer Aided Design. Computergestützte Entwicklungs- und Entwurfssysteme. Überwiegend eingesetzt im Maschinenbau, in der Architektur, im Hoch- und Tiefbau, im Schaltungslayout, etc.

CAE Computer Aided Engineering. Computerunterstütztes Arbeiten. Überbegriff für alle CA Bereiche.

CAM Computer Aided Manufacturing. Computerunterstützte Fertigung, oftmals direkt verbunden mit ➪ CAD Systemen.

CBT Computer Based Training. Aus- und Weiterbildung mit Hilfe von Computern.

CD Compact Disk.

CD-ROM Compact Disk Read Only Memory. Digitales optisches Speichermedium, das bis zu 650 MB Daten aufnehmen kann.

CD-ROM/XA CD-ROM Extended Architecture. Erweiterte CD-ROM Architektur, die nicht nur Daten, sondern auch multimediale Informationen abspeichern kann.

CGA Color Graphics Adapter. Grafikstandard für IBM PC und Kompatible mit einer Auflösung von bis zu 320x200 ➪ Pixeln bei 4 Farben.

CISC Complex Instruction Set Computer. Computerarchitektur mit langen und komplexen universell einsetzbaren Befehlssätzen. Meist nicht so leistungsfähig wie ➪ RISC Computer.

CSCW Computer Supported Corporated Work. Arbeiten an gemeinsamen Projekten und Dokumenten mit Hilfe von Computern.

CSMA/CD Carier Sense Multiple Access with Collision Detection. Methode zur Zugangskontrolle auf ein gemeinsam genutztes Medium, z.B. verwendet im ➪ Ethernet.

Darstellungsschicht Schicht 6 im ➪ OSI Referenzmodell.

Data Link Layer ➪ Sicherungsschicht.

DeTeBerkom Consulting Unternehmen der Deutsche Telekom zur Betreuung des ➪ BERKOM Projektes.

DIN Deutsches Institut für Normung e.V. Nationales Normierungsinstitut in Deutschland.

DMK-CMP DMK-Client-Manager-Protokoll. Protokoll zwischen Client und Server im ➪ DMKS.

DMK-MSP DMK-Manager-Server-Protokoll. Protokoll zwischen Manager und Server im ➪ DMKS.

DMKS Distributed Multimedia Kiosk Service. Dienst zur Integration verteilter multimedialer Daten in einem ➪ Kiosksystem.

DNA Digital Network Architecture. Die von der Digital Equipment Corporation (DEC) verwendete Netzwerkarchitektur.

DOS Disk Operating System. Standardbetriebssystem für Personal Computer.

DVI Digital Video Interactive. Ein von Intel und IBM entwickeltes System zur Digitalisierung von Tönen und bewegten Bildern.

EBCDIC Extended Binary Coded Decimal Interchange Code. Erweiterter 8-Bit Kode zur binären Kodierung von Zeichen.

EGA Enhanced Graphics Adapter. Grafikstandard für IBM PC und Kompatible mit einer Auflösung von bis zu 640x350 ➪ Pixeln bei 16 Farben.

Ethernet IEEE 802.3 Standard für ein lokales Netz, das als Zugangsprotokoll CSMA/CD verwendet.

FDDI Fiber Distributed Data Interface. Eine Netzwerktechnologie für ➪ LANs oder ➪ MANs mit einer ➪ Bandbreite von 100 Mb/s.

FIFO First In First Out.

FTP File Transfer Protocol. Protokoll zum Dateitransfer im ➪ Internet.

GB Gigabyte (1024x1024x1024 Byte).

GIF Graphic Interchange Format.

GUI Graphical User Interface. Bezeichnung für eine grafisch orientierte Benutzeroberfläche.

HDTV High Definition Television. Hochauflösendes Fernsehformat mit einem Breiten-Höhen-Verhältnis von 16:9 und einer Auflösung von 1250 Bildschirmzeilen.

HTML Hypertext Markup Language. Beschreibungssprache für Hypermediadokumente, die im ➪ WWW verwendet wird.

HTTP Hypertext Transfer Protocol. Client-Server-basiertes Protokoll zum Austausch von ➪ HTML-Dokumenten im ➪ Internet.

Hypermedia Ähnlich wie ➪ Hypertext mit zusätzlicher Einbindung verschiedener anderer Medien (Grafik, Bild, Audio, Video, etc.).

Hypertext Flexibilisiertes Konzept der Informationsdarstellung und -verarbeitung. Der Text wird in Form von Knoten dargestellt und netzartig miteinander verbunden.

IEEE Institute of Electrical and Electronics Engineers. Institut der Elektroingenieure, das sich u.a. mit der Entwicklung von Normen auf den Gebieten der Elektrotechnik und Informatik beschäftigt.

Interactive ➪ Interaktivität.

Interaktionskiosk Ein ➪ Kiosk, bei dem der Benutzer Art, Umfang und Reihenfolge der ihm präsentierten Informationen interaktiv beeinflussen kann.

Interaktivität Ein Konzept, bei dem Benutzer durch Eingaben im System den Ablauf einer Anwendung direkt steuern können.

Internet Weltweiter Zusammenschluß mehrerer Netzwerke zu einem globalen Netzwerk.

IP Internet Protocol. Das verbindungslose Netzwerkprotokoll im ➪ Internet.

ISDN Integrated Services Digital Network. Standardisiertes digitales Netzwerk zur integrierten Übertragung von Sprache, Text, Daten und Bildern.

ISO International Organization for Standardization. Internationale Standardisierungsorganisation.

ISODE ISO Development Environment. Entwicklungsumgebung, um OSI-konforme Applikationen zu entwickeln.

JPEG Joint Photograpic Experts Group.

KB Kilobyte (1024 Byte).

Kiosk rechnergestütztes Informationssystem an öffentlich zugänglichen Orten, von welchem über eine einfache Benutzerschnittstelle, von häufig wechselnden und meist unbekannten Benutzern, überwiegend im Stehen und innerhalb einer relativ kurzen Verweildauer, Informationen abgerufen oder Transaktionen ausgelöst werden können.

Kioskanwendung ist die individuelle Anwendungssoftware zum Betreiben eines speziellen ➪ Kiosksystems.

Kiosksystem Dazu gehören alle Einrichtungen zum Betreiben eines ➪ Kiosks (Systemeinheit, Ein-/Ausgabegeräte, Speichermedien, Spezialhardware, Kioskgehäuse, Betriebssystem, Standardsoftware, Individualsoftware, etc.).

Kommunikationssteuerungsschicht Schicht 5 im ➪ OSI Referenzmodell.

Kompression Reduzierung der Datenmenge durch spezielle Verfahren, um digitale Informationen zu speichern oder zu übermitteln.

Künstliche Intelligenz (KI) Interdisziplinäre wissenschaftliche Forschung, die durch Anwendung geeigneter Hard- und Software versucht, kognitive Fähigkeiten des Menschen zu simulieren.

LAN Local Area Network. Ein Netzwerk, das sich auf ein Gebäude oder ein Gebäudekomplex erstreckt. Typische lokale Netzwerke sind ➪ Ethernet und ➪ Token Ring.

LIFO Last In First Out.

LLC Logical Link Control.

Lokales Kiosksystem Ein ➪ Kiosksystem, bei dem die gesamten Daten lokal (z.B. auf Festplatten oder CD-ROM-Laufwerken, die über den lokalen Datenbus am System angeschlossen sind) gehalten werden.

MAC Medium Access Control. Zugangsverfahren zur Regelung des Zugriffs auf ein physikalisches Medium.

MAN Metropolitan Area Network. Ein Netzwerk, das sich auf den Bereich einer Stadt erstreckt.

MB Megabyte (1024x1024 Byte).

MCI Media Control Interface. Ein von Microsoft vorgeschlagener Standard zur Kontrolle und Steuerung von Multimedia-Geräten in auf Windows basierenden PCs.

MHEG Multimedia Hypermedia Experts Group.

MIDI Musical Instrument Digital Interface. Standardisierte Schnittstelle, um elektronische Instrumente an einen Computer anzuschließen. Kodiert musikalische Informationen (Noten, Lautstärke und andere Klangmerkmale) als numerische Werte.

MIME Multipurpose Internet Mail Extensions. Spezifiziert Erweiterungen für das Standard Mail Format im Internet.

MMPM/2 Multimedia Presentation Manager/2.

Modem Modulator/Demodulator. Ein Gerät, das digitale Signale in analoge Signale umwandelt (durch Modulation auf ein Trägersignal), um sie über ein analoges Netz zu übertragen. Auf der Gegenseite wird das analoge Signal durch Demodulation wieder in ein digitales Signal umgewandelt.

MPC Multimedia PC. Bezeichnet eine Minimum-Konfiguration für Personal Computer, um multimediafähig zu sein.

MPEG Motion Pictures Experts Group.

Multimedia kennzeichnet die rechnergesteuerte, integrierte Erzeugung, Manipulation, Darstellung, Speicherung und Kommunikation unabhängiger Informationen mehrerer zeitabhängiger und zeitunabhängiger Medien.

Multimediales Kiosksystem Ein ➪ Kiosksystem, das neben diskreten Medien wie Text und Grafik auch kontinuierliche Medien wie Audio und Video unterstützt.

Network ➪ Rechnernetz.

Network Layer ➪ Vermittlungsschicht.

Netzwerk ➪ Rechnernetz.

Netzwerkschicht ➪ Vermittlungsschicht.

NFS Network File System. Industrie-Standard zur Implementierung verteilter Dateisysteme.

NTSC National Television Standards Committee. US-amerikanische Fernsehnorm.

NVOD Near Video on Demand. Ein Vorschlag für ein ➪ VOD System, bei dem Filme alle 5 oder 10 Minuten gestartet werden, so daß ein Benutzer in genau diesen Abständen einen Film anschauen kann.

OS/2 Operating System/2. 32 bit Betriebssystem der IBM für Personal Computer.

OSI Open Systems Interconnection ➪ OSI-Referenzmodell.

OSI-Referenzmodell 7-schichtiges Referenzmodell der ➪ ISO für Kommunikation in offenen Systemen.

PAL Phase Alternate Line. Europäische Fernsehnorm.

PC Personal Computer.

PEPSY Kombination aus ➪ PEPY und ➪ POSY.

PEPY Presentation Element Parser YACC-based.

Physical Layer ➪ Bitübertragungsschicht.

Pixel Picture Element; kleinste Darstellungseinheit auf dem Bildschirm.

Point of Information Der Ort, an dem Informationen angeboten werden.

Point of Sale Der Ort, an dem der Verkauf von Gütern oder Dienstleitungen stattfindet.

POI ➪ Point of Information.

POS ➪ Point of Sale.

POSY Pepy Optional Structure-generator YACC-based.

Presentation Layer ➪ Darstellungsschicht.

QuickTime Digitales Video-System von Apple Computer.

Rechnernetz Zum Zwecke des Datenaustauschs miteinander verbundene Computer.

RISC Reduced Instruction Set Computer. Computer mit reduziertem Befehlssatz, die gegenüber herkömmlichen Computern höhere Durchsatzraten erzielen.

RO Remote Operation. Operationen, die auf einem entfernten Computer aufgerufen und ausgeführt werden.

ROM Read Only Memory. Speicher, der nur gelesen werden kann.

ROSE Remote Operation Service Element. ➪ Anwendungsdienstelement im ➪ OSI-Referenzmodell zum Aufruf entfernter Operationen (➪ Remote Operation).

ROSY Remote Operation Stub-generator YACC-based.

RTF Rich Text Format.

RTSE Reliable Transfer Service Element ➪ Anwendungsdienstelement im ➪ OSI-Referenzmodell für zuverlässigen Datenaustausch.

S-VGA Super VGA. Erweiterter ➪ VGA Grafikstandard für IBM PC und Kompatible mit einer Auflösung von bis zu 1024x768 ➪ Pixel bei 256 Farben.

SECAM Sequential Coleur Avec Memoire. Französische Fernsehnorm basierend auf ➪ PAL.

Scripting Language Eine Programmiersprache, die in ➪ Autoren-Programmen verwendet wird, um multimediale Präsentationen zu schreiben.

Session Layer ➪ Kommunikationssteuerungsschicht.

Set-Top-Box ➪ Set Top Unit.

Set-Top-Unit (STU) Bezeichnet eine neue Generation von Geräten zum Aufsatz auf das Fernsehgerät, die sowohl digitales als auch analoges Audio und Video empfangen können. Teilweise ermöglichen Set Top Systeme bereits Interaktivität, z.B. um elektronisch einzukaufen, elektronisches Banking zu ermöglichen oder um interaktive Spiele zu spielen.

Sicherungsschicht Schicht 2 im ➪ OSI Referenzmodell.

SMTP Simple Mail Transfer Protocol. Protokoll im ➪ Internet zur Verteilung von Elektronischer Post.

SNA Systems Network Architecture. Die von der International Business Machines Corportation (IBM) verwendete Netzwerkarchitektur.

SSCP Source and Sink Control Protocol. Steuerungs- und Kontrollprotokoll zwischen AVC-Quellen und AVC-Senken (➪ AVC).

ST-II Internet Stream Protokoll Version 2.

STU ➪ Set Top Unit.

TCP Transmission Control Protocol. Verbindungsorientiertes, zuverlässiges Transportprotokoll im ➪ Internet.

Text- und grafikbasiertes Kiosksystem Ein ➪ Kiosksystem, das nur diskrete Medien (Text und Grafik) unterstützt.

TIF Tag Image File Format.

Token Ring IEEE 802.5 Standard für ein lokales Netz, das als Zugangsprotokoll ein Tokenverfahren verwendet.

Touch-Screen Berührungsempfindlicher Monitor, bei dem über Berührung der Bildschirmoberfläche Anwendungen gesteuert werden können.

Transaktionskiosk Ein ➪ Kiosk, bei dem der Benutzer durch seine Interaktion im System gehaltene Daten manipulieren (eine Transaktion auslösen) kann.

Transport Layer ➪ Transportschicht.

Transportschicht Schicht 4 im ➪ OSI Referenzmodell.

Unix Ursprünglich von Bell Telephone Laboratories entwikkeltes Betriebssystem, das inzwischen für fast alle Computerplattformen zu finden ist.

URI Uniform Ressource Identifier. Adressierungsformat, um Objekte im ➪ WWW zu identifizieren.

URL Uniform Ressource Locator. Adressierungsformat, das die Kodierung eines Zugangsprotokolls im ➪ WWW spezifiziert.

Vermittlungsschicht Schicht 3 im ➪ OSI Referenzmodell.

Verteiltes Kiosksystem Ein ➪ Kiosksystem basierend auf einer verteilten Architektur, in der die Daten auf einem oder mehreren anderen Systemen verteilt gehalten werden.

VGA Video Graphic Array. Grafikstandard für IBM PC und Kompatible mit einer Auflösung von 640x480 ➪ Pixeln bei 16 Farben bzw. 320x200 ➪ Pixeln bei 256 Farben.

Virtual Reality ➪ Virtuelle Realität.

Virtuelle Realität ist ein Interaktions- und Darstellungsverfahren, das es dem Anwender möglich macht, sich in von Rechnern erzeugten, künstlichen Welten zu bewegen.

VOD Video on Demand. Ein Vorschlag für eine Anwendung, bei der ein Benutzer digitale Videos oder Filme von einem Dienstanbieter abrufen und sie mit Kontrollmechanismen ähnlich dem Videorecorder (Start, Stop, schneller Vorlauf, schneller Rücklauf, etc.) abspielen kann.

WAN Wide Area Network. Ein Netzwerk, das sich über mehrere hundert Kilometer erstreckt.

WAV Waveform Audio File Format. Spezielles Dateiformat für digitalisiertes Audio. Häufig in auf Windows basierenden PCs eingesetzt.

Windows Von Microsoft entwickelte, fensterorientierte Betriebssystemerweiterung für ➪ DOS.

Windows 95 Von Microsoft entwickelte, fensterorientierte 32-bit Betriebssystemerweiterung für ➪ DOS.

Windows NT Von Microsoft entwickeltes 32-bit Betriebssystem für verschiedene Rechnerplattformen.

WMF Windows Meta File.

WWW World Wide Web. Verteiltes Hypermedia Informationssystem im ⇨ Internet.

XGA Extended Graphics Adapter. Grafikstandard für IBM PC und Kompatible mit einer Auflösung von bis zu 1024x768 ⇨ Pixel bei 256 Farben.

XNS Xerox Network System. Die von Xerox verwendete Netzwerkarchitektur.

YACC Yet Another Compiler Compiler.

Literaturverzeichnis

[1] Berners-Lee, T., Universal Resource Identifiers in WWW, Internet Request for Comments (RFC) 1630, Internet Engineering Task Force (IETF), 1994

[2] Berners-Lee, T., Connolly, D., Hypertext Markup Language - HTML/2.0, Internet Draft, Internet Engineering Task Force (IETF), 1995

[3] Berners-Lee, T., Fielding, R. T., Frystyk Nielsen, H., Hypertext Transfer Protocol - HTTP/1.0, Internet Draft, Internet Engineering Task Force (IETF), 1995

[4] Blattner, M.M., Dannenberg, R.B. (Hrsg.): Multimedia Interface Design, ACM Press Frontier Series, Addison Wesley Verlag New York, NY, 1992

[5] Borenstien, N., Freed, N., Multipurpose Internet Mail Extensions (MIME), Internet Request for Comments (RFC) 1521, Internet Engineering Task Force (IETF), 1993

[6] Bullinger, H.J., Software-Ergonomie in der Praxis, Springer Verlag Heidelberg, Heidelberg 1990

[7] Burger, J., The Desktop Multimedia Bible. Adisson-Wesley New York, NY, 1993

[8] Börner W., Schellhardt, G.: Multimedia - Grundlagen, Standards, Beispielanwendungen, te-wi-Verlag München 1992

[9] Dastani, P., Dömer, F., Mayer, S.: Ergonomie von Benutzerschnittstellen, Seminar „Informationssysteme" Universität Mannheim, Lehrstuhl für Wirtschaftsinformatik II, Mannheim 1992

[10] DIN Deutsches Institut für Normung e.V.: DIN Norm 66234 Teil 8, Bildschirmarbeitsplätze 1, DIN Taschenbuch 194, Beuth Verlag, 1990

[11] Edwards, A.D., Holland, S.: Multimedia Interface Design in Education, Springer Verlag Berlin, Heidelberg, 1992

[12] Freer, J., Computer Communications and Networks, Pitman Publishing, London, 1988

[13] Gain Extension Language (GEL), Technical Reference Manual, Version 1.0, Gain Technology Inc., Palo Alto, CA, 1992

[14] Geiser, G.: Mensch Maschine Kommunikation, Oldenburg Verlag München, 1990

[15] Hahn, H., Stout, R., The Internet - Complete Reference, Osborne McGraw-Hill, Berkeley, CA, 1994

[16] Holfelder, W., Entwurf und Implementierung einer verteilten multimedialen Kioskanwendung, Diplomarbeit, Lehrstuhl für Praktische Informatik IV, Universität Mannheim, 1993

[17] Holfelder, W., Hehmann, D., A Retrieval Management System for Distributed Kiosk Applications, IEEE Conference on Multimedia Computing and Systems, Boston, MA, 1994

[18] IBM Personal System/2 Multimedia Fundamentals, IBM International Support Centers, GG24-3653-01, Second Edition, 1992

[19] Ilg, R., Ziegler, J.: Interaktionstechniken, in Software Ergonomie, hrsg. von Fähnrich, K.P., Oldenburg Verlag München, 1987

[20] Istanbulli, S.: Software-Ergonomie - Was ist das?, in Schriftenreihe Leistung und Lohn Nr. 160/161, hrsg. von der Bundesvereinigung der deutschen Arbeitgeberverbände Köln, Heider Verlag, Bergisch-Gladbach, 1985

[21] ISO/IEC JTC1/SC2/WG12, Coded Representation of Multimedia and Hypermedia Information, MHEG Working Group, Document S, Version 3, 1990

[22] ISO/DIS/8824, International Standards Organisation, Specification for abstract syntax notation 1 (ASN.1)

[23] ISO/DIS/8825, International Standards Organisation, Basic encoding rules for abstract syntax notation 1

[24] ISO/IS/7498, International Standards Organisation, Open System Interconnection, Reference Model, International Standard, 1984

[25] Koshoff, E., Space, P.: There's no place like HomeVision, in Ultimedia Digest, Products and Solution from IBM Multimedia, Volume 1, 1991-92 p.106

[26] Laurel, B.: Computer as Theatre, Addison-Wesley New York, NY, 1991

[27] Laurel, B.: The Art of Human Computer Interface Design, Addison-Wesley New York, NY, 1991

[28] Lauter B.: Software Ergonomie in der Praxis, Oldenburg Verlag München, 1987

[29] Lindstrom, R.L., Business Week Guide to Multimedia Presentations, Osborne McGraw-Hill, Berkeley, CA, 1994

[30] Lottor, M.: Lottor-Statistik des Internet Wachstums erstellt von Network Wizards, erhältlich als WWW-Dokument unter URL: http://www.nw.com/

[31] Mayes, J.T.: The 'M-Word': Multimedia Interfaces and their Role in Interactive Learning Systems, in Multimedia Interface Design in Education, Springer Verlag Berlin, Heidelberg, 1992

[32] Metzger, W.: Gesetze des Sehens, Verlag Waldemar Kramer Frankfurt am Main, 1975

[33] Meyers Großes Taschenlexikon, BI-Taschenbuchverlag Mannheim, Wien, Zürich, 2. neubearb. Auflage 1987

[34] Rose, M.T., The Open Book, A Practical Perspective on OSI, Prentice Hall Inc., Englewood Cliffs, NJ, 1990

[35] Rose, M.T., Onions, J.P., Robbins, C.J., The ISO Development Environment: Users Manual, Volume 1: Application Services, Version 7.0, X-Tel Services, 1991

[36] Rose, M.T., Onions, J.P., Robbins, C.J., The ISO Development Environment: Users Manual, Volume 2: Underlaying Services, Version 7.0, X-Tel Services, 1991

[37] Rose, M.T., Onions, J.P., Robbins, C.J., The ISO Development Environment: Users Manual, Volume 3: Applications, Version 7.0, X-Tel Services, 1991

[38] Rose, M.T., Onions, J.P., Robbins, C.J., The ISO Development Environment: Users Manual, Volume 4: Application Cookbook, Version 7.0, X-Tel Services, 1991

[39] Ruston, L. Riecken, R.D., in Blattner, M.M., Dannenberg, R.B.: Multimedia Interface Design, ACM Press Frontier Series, Addison-Wesley Verlag New-York, 1992, S.309

[40] Steinbrink, B.: Multimedia - Einstieg in eine neue Technologie, Markt&Technik Verlag Haar bei München, 1992

[41] Steinmetz, R., Herrtwich, R.G.: Integrierte verteilte Multimedia-Systeme, Informatik Spektrum, Springer Verlag Heidelberg, Band 15. Nr.5, Oktober 1991, Seiten 249-260

[42] Steinmetz, R., Rückert, J., Racke, W.: Multimedia-Systeme, Informatik Spektrum, Springer Verlag Heidelberg, Band 13. Nr. 5, 1990

[43] Steinmetz, R.: Multimedia-Technologie: Einführung und Grundlagen, Springer Verlag Heidelberg, 1993

[44] Tanenbaum, A.: Computer Networks, Prentice Hall Inc. Englewood Cliffs, 1989

[45] Vaughan, T., Multimedia - Making it Work, Osborne McGraw-Hill, Berkeley, CA, 1993

Index

C

D

E

F

G

H

I

N

Ö

O

P

Q

R

S

T

Ü

U

V

W

X

Y

Z

Synchronisation in kooperativen Systemen

von Erwin Mayer

1994. X, 250 Seiten. (Multimedia-Engineering; hrsg. von Effelsberg, W./ Steinmetz, R.) Gebunden.
ISBN 3-528-05420-4

Dieses Buch richtet sich an alle, die sich mit modernen Methoden aus dem Bereich des Computer Supported Cooperative Work (CSCW) vertraut machen wollen, um Synchronisationsprobleme in verteilten Systemen zu lösen. Der Autor beschreibt Anforderungen kooperativer Anwendungen, u.a. aus den Bereichen Joint Editing, Joint CAD und Teleconferencing. Unterschiedliche Lösungsalternativen werden ausführlich beschrieben und mit Hilfe eines Bewertungsschemas bezüglich ihrer Architektur und ihres Leistungsverhaltens verglichen. Die Ausnutzung von Gruppenkommunikationsdiensten, wie sie in modernen Netzwerken zur Verfügung stehen, finden dabei besondere Beachtung. Zahlreiche Abbildungen und Tabellen machen das Buch zu einem umfassenden Lehrbuch und Nachschlagewerk.

Über den Autor: Dipl.-Inform. Erwin Mayer ist Systementwickler und seit 1990 wissenschaftlicher Mitarbeiter am IBM European Networking Center in Heidelberg. Er hat an zahlreichen Projekten aus den Bereichen Verteilte Systeme, Kommunikation und CSCW maßgeblich mitgearbeitet.

Verlag Vieweg · Postfach 15 46 · 65005 Wiesbaden

Recherchieren und Publizieren im World Wide Web

von Frederik Ramm

1995. VIII, 308 Seiten. Gebunden.
ISBN 3-528-05513-8

Aus dem Inhalt: Das Internet und seine Dienste – Hypertext – Client-Server-Modell – URL – Das HTTP-Protokoll – Proxy-Server – Bekannte WWW-Clients (Netscape, Mosaic, Cello, Lynx) – Publizieren mit HTML – Das erweiterte Standard HTML+ und Netscape

Dieses Buch liefert eine praktische Anleitung für jedermann, der auf dem Information-Superhighway schnell und zielsicher fündig werden möchte. Vom Internet-Zugang über geeignete und leistungsfähige World Wide Web-Server bis hin zur zielgerichteten und effizienten Recherche im Internet werden leicht gangbare Wege aufgezeigt. Schwerpunkt des Buches ist jedoch die Erstellung von Hypertext-Dokumenten mit HTML (Hypertext Markup Language). Es spricht hiermit die wachsende Zahl von multimedialen Informationsanbietern (content providers) im World Wide Web an.

Über den Autor: Frederik Ramm ist an der Universität Karlsruhe tätig. Er ist Experte in den Bereichen Datenkommunikation und Softwareentwicklung.

Verlag Vieweg · Postfach 15 46 · 65005 Wiesbaden

Virtual Reality

von Frank Eckgold

1995. VIII, 407 Seiten mit Diskette. Gebunden.
ISBN 3-528-05398-4

Aus dem Inhalt: Transformationen – 3D-Modellierung und -Darstellung – Farben und Beleuchtungsmodell – Oberflächenstrukturen und fraktale Texturen – Animationen.

Dieses Buch geht intensiv auf alle Aspekte der Grafikprogrammierung von virtuellen Welten ein und stellt zahlreiche wertvolle Algorithmen und C-Funktionen zur Realisierung künstlicher Welten unter Windows zur Verfügung. Fertige Beispielprogramme unter Windows ab Version 3.1 nutzen diese Funktionen und können in eigenen Programmen weiter genutzt werden. Vom Leser werden Kenntnisse der Programmiersprache C erwartet. Obwohl vielfach mathematische Hintergründe dargestellt werden, ist deren Beherrschung nicht unbedingt zum Verständnis der Algorithmen und der C-Funktionen notwendig.

Über den Autor: Dr. Frank Eckgold ist in der Entwicklung grafischer Oberflächen tätig. Außerdem lehrt er Informatik und Programmiersprachen.

Verlag Vieweg · Postfach 15 46 · 65005 Wiesbaden